新型職場

超多元部屬時代的跨差異人際領導風格

李歐麗／玄珍
——— 著

戴至中
——— 譯

FLEX | The New Playbook
for Managing Across Differences | Jane Hyun
Audry S. Lee

來自

企業界&管理領導界

對本書最真誠的讚譽！

「《新型職場》是以作者的現實生活經驗為基礎。對於思慮周密的領導人該如何在現今的全球職場上經營，本書給了各位有用的架構和實戰策略。各位會學到要怎麼排除在企業關係中侵蝕信賴的人際鴻溝。在接任新職位前，每個公司和非營利領導人都非讀本書不可。」

曼尼·艾斯賓諾薩（Manny Espinoza），拉美裔財務及會計專業人員協會（ALPFA）執行長

「《新型職場》為培養『跨越差異的通曉度』這項至關重要的領導技能提供了思慮周密的指南。其中有適切的工具可以靈活因應職場上充滿豐富與分歧觀點的變化。玄珍和李歐麗提供了有幫助的資源來精準調適型的領導行為。」

道格拉斯·康奈特（Douglas Conant），雅芳產品（Avon Products）、凱洛格領導力研究所（Kellogg Executive Leadership Institute）董事長；康奈特領導力（ConantLeadership）創辦人兼執行長；康寶湯品公司（Campbell Soup Company）前任總裁 執行長

「藉由挖掘她們身為顧問、教練和第一代美國人的經驗，玄珍和李歐麗寫出了一本令人信服又及時的著作。作者要 21 世紀的領導人拓展心態並學習新技能，組織才能在他們所領導的人員反映出文化、種族、性別和世代差異的世界中成功。人口結構的變化使美國走上了勢不可擋的道路，而成為真正多元文化的社會。領導人可以如何讓這段歷程對自己和組織有所助益，本書提供了至關重要的資訊與實用的行動步驟。」

柯布斯（J. M. Cobbs），醫學博士，《破解企業密碼》（Cracking the Corporate Code）的共同作者

「在 21 世紀，新形態的領導人需要出面來和帶動創新與成長的新全球勞工培養真正的合夥關係。《新型職場》說明了新時代的領導屬性，並凸顯出如果要在全球環境中獲致成功，在領導上就必須隨機應變。」

隆納‧帕克（Ronald C. Parker），執行領導委員會（The Executive Leadership Council）總裁／執行長

「對於一談到跨越差異來有效管理，我們為什麼似乎就會『卡住』，珍和歐麗在這本書勇敢直指了核心。對於『我們為什麼需要更開放和更誠實地談論差異，才能期待出現更好的組織與社會結果』，《新型職場》提出了令人信服的理由。深入淺出地運用本身的經驗以及別人的成功故事，作者提供了拉近權力鴻溝的實用路線圖，以便和員工、客戶和社區建立更穩固、更有益與兼容的關係。」

瑪麗－法蘭西絲‧溫特斯（Mary-Frances Winters），溫特斯集團（The Winters Group）總裁及創辦人；《兼容從我開始》（Inclusion Starts with I）作者

「假如你屬於領導階層，或想要保持競爭力，卻沒有種族和文化多元的董事會或幹部，那你就是停留在過去。對於發展這種未開發管道的必要性，我們現在需要全力去了解，因為我們每天都在喪失動能。這個不同凡響的資源將帶你走上對的道路。」

法蘭西絲‧賀賽蘋（Frances Hesselbein），法蘭西絲賀賽蘋領導研究院（Frances Hesselbein Leadership Institute）總裁兼執行長

「我認識珍和歐麗差不多有十年了，她們是思想家。她們一思考，別人就受惠。磨合跟思考有關，也就是管理自己的思想，以迎合組織內外對企業關係的要求。它跟 21 世紀的職場本質有關：你要怎麼共事、管理與輔導有別於你的人。從觀念上的理論基礎到實務上的做法，在這段旅程上與她們同行吧！」

小「泰德」‧柴爾茲（J. T. "Ted" Childs Jr.），泰德柴爾茲公司（Ted Childs LLC）負責人

—

磨合：
在「認同」中創造「差異」的價值

陳朝益
/David Dan

大中華區知名的 ICF（國際教練聯盟）認證資深企業教練，
目前專注於「信任，改變，領導力」主題與專案。
他的合著著作《翻滾吧，MIT人才》曾獲經濟部「金書獎」。

曾有一位國際企業的 CDO（多元文化長，Chief Diversity Officer）、也是我的美國教練朋友告訴我：「多元文化是今日企業最具潛力的資源」；IBM 早在 1990 年代中期就在企業內設計了八個跨文化的特殊工作小組，以性別，種族，性向，教育……等分組，討論類似這樣的主題：「如何在多元文化的團隊裡提高生產力？面對這些多元文化的客戶市場，我們如何開展市場會更有效？」

這就像是在教室外的另一堂「利基市場行銷」（niche market）課，後來在 IBM 推行績效卓著。百事可樂也曾採取過類似的行動，他們建立了一個特殊社群「PAN」（Pepsico Asian Network），將員工和商業夥伴連結，定義出產品口味，市場行銷的策略等，以上都是在本書裡頭的幾個案例。

至於作為一個曾經擔任企業全球營銷副總裁和總經理的我，對這本書的感受是「相見恨晚」，如果當初在我執業時能具有書中的能力，相信我的歷練會更成熟，經營會更得心應手。這是一本值得精讀的書，有清晰的理論架構和具體案例，也是可以好好學習體驗轉化和內化的好書，特別在今天企業所面對的環境中，目前具有企業教練角色的我，看到這本書也特別珍惜，因為這個題目非常關鍵，但是有能力和歷練能寫的人太少了，可我們都是站在這波浪頭上、準備迎接職場多元時代的人。

有許多主管常常會自傲地宣稱他的管理風格是「Open Door Policy」（開門政策）──歡迎員工隨時有事可找他談。可是當你問他們「把門打開後，有多少人願意和他談？」時，事實是許多員工選擇沉默，為什麼呢？許多企業可能懂得如何讓那（看得見的）高牆倒下，但是卻少有企業懂得如何讓那看不見的（心理）高牆倒下。什麼是「看不見的高牆」？這就是這本書的重點──「心理鴻溝」，那其中包含了組職裡的權力階梯，成員們不同的文化、性別、種族、代溝、宗教、教育、年紀、經驗、個性⋯⋯等。就像教練常在談「同理心」，要站在對方的立場來思考，但光只是站在他人面前，我們能真正理解對方嗎？又要由哪個角度來同理？況且我們常用行為來觀察他人，但是卻用動機來審查自己，我們都有盲點，我們用不同的鏡頭來看自己和觀察他人；同理才是建立人際關係的基礎，更是建造合力共創活力團隊的基石。而在面對這種種的問題，我們又該如何來著力呢？這本書將能克服以上困境的企業領導人稱為「通曉型領導人」，並說明了他們必備的能力和共通特徵，也提供出我們最需要的幾個行動答案：

※**調適自己後，才展現自己的優勢風格。**
※**對模糊和複雜的情境能自在的相處。**

※**無條件的正面關懷。**

※**願意跨越權力鴻溝。**

※**敢於展示自己的脆弱。**

科技公司 Google 曾以一個「有氧計畫」（Project Oxygen）來選拔最佳經理人，結果他們訂出來的第一個標準特質是「當個好教練」，而不再是「授權或是賦權」，這樣的教練型主管才有能力跨越這個多元文化的鴻溝，他們也才能具備本書主張的通曉型領導人必備的能力。一個好的教練型主管具備「勇氣，謙卑，紀律，勇於展示脆弱」的性格，在面對「不同意，不確定」的情境下，願意暫時放下自己的情緒和權力，用好奇的心態來深入探尋，尋找出不同的可能性。

如何來縮短這個鴻溝呢？它有幾個關鍵能力：

Awareness（感知力）

Acknowledgement（理解力）

Acceptance（接納心）

Adaption（適應力）

Leverage（利用優勢）

Optimization（優化力）

這本書裡舉了很多的案例，某些案例也在我們身旁隨處可見，只是我們沒有感知到罷了。在此舉幾個例子如：

一批外國人（也許就是你我）到中國大企業參訪，他們提出了許多的合作建議案，在最後，中國老總說，「非常的好，我們會研究研究」，老外好有成就感，客人要研究研究，但是「中國通」們會知道，這就是「不」的意

思啦，這是文化的差異；還有一批人到印度外包的廠商拜訪，檢查他們的進度，印度主管說，「我們忙翻了，我們盡力而為來配合你需求的進度」，因此——你可以預測這個專案項目的進度應該是落後了，這也是文化差異——我們常聽到這種「盡力而為」的承諾，基本上它就等於沒有承諾。

現代主管另一個必修的顯學則是「突破代溝的壁壘」，就以台灣的社會慣用語來說，「三、四年級生」在企業裡看重年資和權威，「五至六年級生」希望他們的意見有被聽到，「七、八年級生」則期待公司裡說真話，動機好，用理性來說服他們，而不是只有權力的壓制。我們要如何跨過這些世代的鴻溝呢？這本書也特別針對這個主題有詳細的論述，不容錯過。

在總是充滿高成長／高風險／高報酬的企業環境裡，許多領導者會偏向聘用和晉升和自己屬性相近的人，因為這樣的人相對較容易融入企業，但是這也是企業最大的風險，它造成的組織單一性會失去許多讓公司到「舒適區」外的成長機會，它最大的挑戰則是可能沒有能力和氛圍來培育支持那些價值和成長動力不同的高潛力人才。尤其，未來最珍貴的人才，可能就是在那些「不尋常，聲音小，不像自己」的場域。讓多元磨合的能力將會是企業下一波競爭力，這本書來的正是時候，你和你的企業預備好了沒呢？

目錄

PART 03—複製成功經驗

一

辦公室裡的格格不入——
你看到了嗎？

你絕對無法真的了解一個人，除非你從他的觀點來考慮事情⋯⋯
除非你潛入他的體內四處遊走。

——亞惕・芬鵠（Atticus Finch），

《梅岡城故事》（To Kill a Mockingbird），哈潑・李（Harper Lee）著

我們覺得要對各位示警一下才對：這本書可能會讓人有點不自在。

這是本談「差異」的書，主題從尷尬到令某些人害怕到完全碰不得都有。而且由於我們比較常跟與自己不同的人共事，所以我們注意到，對於公開談論彼此有什麼不同，人還是會多所遲疑，有時更會完全避開這個話題。但是，忽略彼此在工作上的差異並不會讓問題消失。在某些情況下，它還會雪上加霜，使員工覺得遭到誤解與挫敗，並使經理人捶胸頓足，而不曉得要怎麼讓身邊的每個人發揮出最大的長才。

本書也是在談要重拾「好奇」。它是在深究要怎麼讓不同的人各司其職，並因應本身的做法。它是在尋找共同的基礎來培養更穩固的關係，並跟每個帶著分歧與獨特觀點上桌的人正面對話。它是在談要先認清表面的特點與行為，再重視表象背後比較深層的現象。它是在談在真正識人之前，不要妄下判斷。它是在說明要怎麼以及在什麼時候運用有益的資訊和工具，並在策略上針對自己與員工的差異來調整因應之道，無論它是屬於文化或世代面，還是源自性別鴻溝，或者甚至是溝通方式的差異。本書是在建議膽大心細的領導人要怎麼做，才能在現今多元而全球化的職場上無往不利。

——

那些我們不敢溝通的事

在生活與事業中，一切良好的關係都是建立在信賴與尊重的根本原則上。當信賴存在時，就會令人興奮地看到關係加溫，人員和團隊變得有生產力，以及公司欣欣向榮。當信賴破裂以及沒能認清建立信賴的方式是因人而異時，它就會開始出問題。當「尊重」被不同背景的人以各式各樣的方式來解讀，以及這些差異在關係中始終沒有明說且未經察覺時，常常就會溝通不良。對某些人來說，「尊重」的意思可能是採取主動來為案件排除障礙而不「驚動」到經理人，這就是他們對上司表示尊重並替老闆節省寶貴時間的方式。另一位員工則表示，尊重的方式或許是先聽老闆的指示，以免上司可能會被部下打臉而有失顏面。

當來自不同文化環境的員工指望別人的行為舉止會跟自己一樣時，阻礙就會出現，他們不明白這些行為的背後用意或許相同（例如為了表示尊重），但看起來卻可能截然不同。我們想要幫忙清除這些使你和真正用心的同事格格不入的阻礙，並以能強化而不是斲傷工作關係的方式來做到這點。

而且阻礙多得很。男性主管或許會不敢對女性部屬提出有建設性的績效建言，以免可能會引爆女性的情緒。嬰兒潮世代的經理人可能會認定，Y世代的新血不懂社交禮儀。當專案領導人底下的員工是出身自迥然不同的文化時，他可能會因為跨文化的溝通問題而不太敢把誤會拿出來講，以藉此保持

禮貌。我們的諮詢和輔導工作使我們得以一窺全球各地的組織，而培養稱職領導人的任務也使我們發現，大部分的人不管在組織裡的職稱為何，對於公開談論職場上的差異都會感到十分不自在。

現在的組織誠然已變得較為多元，有來自全球／多元文化的從業人員、更多的女性，新一代的員工也大量進入我們的職級；但有許多企業還沒搞懂的是，要怎麼讓成功延攬進來的人才充分發揮所長。由於目前的企業環境瞬息萬變，所以領導人必須善於在世界各地的本土市場上善用任職員工的投入、智慧與生存技巧。執行長和高層領導人要更加不恥下問，並且更加仰賴員工的明智建言。身為企業教練（coach），我們跟各式各樣的組織合作過，也幫助經理人處理過要怎麼跨越差異，以便和底下的多元團隊達成明確的雙向溝通。我們發現，這有助於他們建立及重拾與團隊的信賴，並打造出那種可以讓員工建立生涯的優越環境。

我們沒學過和不同背景者溝通

要改變人在工作上的行為並不容易，況且企業通常也無計可施。但經驗告訴我們，當有心要大展身手的人採取主動，接著去影響別人把效應擴大時，人際動態就會改變。我們親眼見識過，當公司試圖在日益全球化的局勢中變得更賺錢與更有生產力時，**不同的領導風格是如何變得更為人所接受，並影響到員工發展的各個層面**。其中包括如何徵才與輔助新人、從旁指導、以身作則和提點；帶領團隊；以及應用同樣的人際關係技巧來適應客戶與顧客。

本書主張的**調適（adaptive）與通曉（fluent）型領導**雖然還是個嶄新的觀念，但我們正開始看到這種做法促進人們跳脫思考框架的功效，並帶來了新的企業創新。我們在探究這個概念時，也發現客戶試著要搞懂，如何才能最妥善地帶領與自己不一樣的人。我們的指令變得很清楚：我們全都需要學習一套新的技巧，使企業互動在新的多元環境中得以成功。你在越南的

駐地經理以及坐在芝加哥總部的財務主任或許缺乏必要的通曉能力來彼此有效合作。我們根本沒有學過要怎麼與出身其他背景的人建立關係，這些**磨合**（flexing）的技巧在教育體系、大學課程或商學院裡都教得不夠。世界肯定已變得「比較平」，一如湯馬斯·佛里曼（Thomas Friedman）在他的全球化專著《世界是平的》（The World Is Flat: A Brief History of the Twenty-first Century）中所斷言的。不過，我們雖然透過科技使從業人員在全球的層次上加強了連結，但經理人其實並沒有更懂得在全球的層次上與人互動及溝通。

當我們寫到這裡時，便體認到它至關重要，不僅是在我們為客戶所做的工作上，也是因為我們都親身經歷過不符合工作環境中的主流規範所產生的脫節與衝突。但對於能以真正扭轉局面的方式來善用我們的獨特觀點，我們兩個也覺得既欣慰又振奮。我們的個人經歷驅使了我們本身要把這些議題帶到第一線來。

珍的故事

「不眠不休。」——幾乎打從我在南韓出生起（我也在那裡度過了早期的童年），儒家的這種工作倫理就烙印在我的人生中。

我在韓國念小學一年級時，「要如何表現良好與成功」都有一清二楚的規則。在韓國的學校課堂上，我對「該如何與師長應對、如何學習以及如何溝通」這些期望可說是瞭若指掌。你一定要先舉手再發問。絕對不要打斷授課或老師的話。絕對不要公開跟老師唱反調。仔細聽講，把授課內容抄在筆記簿上。沒有辯論。所有的人年紀小小就被灌輸了這些規則。社會距離在老師和我之間所形成的鴻溝為合宜的行為訂出了非常具體的規則。

我們搬到紐約後，我還是同一個人，但我不知道的是，規則竟變了這麼多。身為一個孩子，你說不出那種惶恐的感覺。當環境（以及隨之而來的規則）改變時，你知道發生了全然不同的情況，但卻不曉得究竟要怎麼理解才對。年幼的孩子看不出環境或他人行為的外在差異，只能懷疑是不是我有問題？

當舊規則再也行不通時

　　所以，當我的三年級老師「昆恩」太太有一天放學後問我：「珍，你在上課時怎麼都沒有發問？」時，我整個人都傻了。我以為在上課時光聽不說就算做對了事。「在課堂上發言」是我以前從來沒有被鼓勵去做的事。我所依循的是我之前在韓國念書時所學到的規則。在韓國人的那種儒家心態中，師生之間的距離是我被教導不可跨越的分際。昆恩太太大概以為是我剛報到，或是害羞的緣故。這就是脫節。在課堂上要怎麼表現的文化規則變了。要是老師能循著話頭問下去，或是設法幫助我學習新規則，我或許就能解釋說，我試圖要做的事原本是為了對她表示尊重。但結果是，昆恩太太搞不懂我的異常行為所為何來，我也無從向她說明我的緣由。

　　即使如此，我就跟許多在新國度重新開始的孩子一樣，很快就適應了。經過一些尷尬的嘗試後，我學會了要怎麼在課堂上發問和質疑，只是我並不完全明白為什麼這麼做很重要。快轉到我的第一份工作，這些根植在我的內心並且難以言喻的文化與性別訊息再次浮現出來，而且多半是在無意識當中。過去二十三年來，我先後擔任過員工、經理和顧問，主要的對象則是西方的跨國企業。我發現幾乎在每個職場上，每當你進入與自己的成長環境迥異的主流文化環境時，類似的動態天天都在上演，包括受到巨大衝擊的頓悟時刻在內，就跟我從亞洲搬到美國念小學時的經驗沒兩樣。人每天都是帶著特定的行為準則、文化價值與規則去上班，而且它們全都代

表「合宜的行為舉止」。不過，他們可能會被派去替在管理原則上不認同那些行為的經理人及同事（還有部屬）做事。所以我們在和全球的企業領導人合作時，我都會提醒自己，千萬不要忘了該怎麼站在那個八年級女孩的立場來設想；她試圖要做對的事，知道自己有所不足，但卻不明白為什麼。如此一來，當別人的文化體驗有所不同時，我就能理解他的觀點。

我在近八年前寫《打破竹子天花板》（Breaking the Bamboo Ceiling）時，主要是從員工的觀點出發。我想要為亞裔員工提供策略指南來管理工作上的文化差異，好讓他們更加了解自己在西方企業的競技場上會受到哪些期望，進而得以駕馭自己的成功之路。透過那部作品，我變得更能適應存在於亞裔員工和經理人之間的差異，包括社會距離在內。由於在現今的企業界中，大部分的領導典範都是以西方為取向，因此其他的文化族群對於這種文化的不成文規定常常是一知半解。同樣地，擁有多元化員工的經理人可以而且確切來說是必須扮演主動的角色，以協助員工在全球化的職場上成功。《新型職場》是從經理人的角度來提供重要的對比，以便向領導人解釋並傳授他們，該如何駕馭自己與多元團隊之間的差異，好讓每個人都能成功。

歐麗的故事

我出生於美國，但成長的家庭帶有濃厚的儒家價值觀。我父母來自中國，即使在移民到美國後，家父還是有意識地選擇在西方文化之外保留並堅守華人的文化遺產。在最根本的文化價值上，我們有時候比社區裡的華人家庭「還要華人」，而這也常常讓在西方世界長大的我感到困惑。

例如在家裡，「謙虛」是至高無上的觀念：人絕不能拿自己的努力或成就來說嘴。在很小的時候，家父就教育我，自己和自己的成就要由

別人來肯定。因此，我在成長中便學習到，我的成就要靠權威人士來賦予價值才有意義。

事實上，假如我真的談起自己或是受到稱讚，我就會說自己的成就與才華不算什麼。我學到了要如何耐心等待認可，而且要是一直沒等到，我就會先批評自己以及我所做的任何事。等到進了職場，我過了很久以後才會談論自己的工作有多值得，並為它賦予價值。有很多年，談論薪酬以及接受工作上的認可都會讓我不自在，尷尬更是常有的事。比起被要求去討論自己的價值，被經理人或客戶批評無異更讓我感到自在。

我的頓悟時刻是出現在我的行銷顧問事業開展之際。我記得我在為企畫草擬提案的過程中，要配合專案的範圍、資源和預算。我對這個過程相當熟悉，因為我之前有過顧問和代理經紀的背景資歷。所以我很驚訝自己對於客戶大砍價碼幾乎是照單全收，也不會去質疑自己心中的假設（這是因為我的經驗和提案不夠好）。在那一刻，我察覺了自己的錯誤，並突然體認到，這種心態是根源於我的教養。**我習慣讓上司和客戶來定義我是否值得**；這就是他們的角色。但如今處在不同的情境中，我才體認到客戶不必然會設法告訴我，我的資格不符或是我還不夠好。假如他有這個意思的話，他大概就不會浪費時間來和我討論工作並對我開價了。他只是純粹在洽談合約，並盡其所能地為公司爭取最好的價碼。他八成預期我會堅守立場，並捍衛自己的價值。於是我便堅持原本的出價，而他也付了錢。從那一刻起，我理解到：雖然我們所玩的商業遊戲看起來多半都一樣，不外乎洽談交易、開發產品，但我們並非總是照同一套規則或價值在玩。我的體認也使我更加了解，我的背景是如何影響了我的反應，而這點也幫助了我去改變對遊戲的玩法。

表象底下的價值

但一如這些不同的文化觀點經常被視為傷害與阻礙，我也愉快地體驗過，一個經理人跨越權力鴻溝來幫助某人成功是什麼感覺。而且對於主動伸手去接納擁有不同技能與背景的人，我常常會回顧那些策略成功的例子。當我的從業生涯展開時，新的觀念與解答正在科技業遍地開花。我開始在矽谷一家小型公關公司上班時，它便為我所學到的創新工作和管理啟示定了調。那是我大學畢業後的第一份工作，就資格上來說，我的音樂和西班牙文背景肯定不符合規範，而且起碼從履歷上來看，或許至少不算是最順理成章。但我的經理凱西（Kathy）和同事卻看得出來，這個青澀、古怪、背景不同的亞裔美國大學畢業生具備了可以調教的溝通技巧和快速學習的能力，她對公司會有好處。

當我回想起那段經驗時，我記得我的經理不但跟很多人一樣採取「開門」（open-door）政策，還塑造了我所謂「現場開放」（open-floor）政策的環境，也就是在那裡工作的每個人都給我建議與指導，並從我的觀點與意見中找出價值。業務發展是公司裡每個人的責任，而且他們要我四處看看，並找個圈子或團體加入。也因為這樣，我加入了亞洲創業團。它以製造業為主，並著重於太平洋沿岸地區。這是個製造業社群，並且不是公司的其他成員肯定會慕名而來的那種（因為其他的團員都是白人）。就布建人脈和建立業務關係來說，這個團體後來證明是個對我非常優越的環境。公司鼓勵我運用自己的經驗和背景來行事。他們從來不對我設限，反而是保持開放，讚賞我的風格與背景，並且會說我們來談談這件事吧、我們來看看你有什麼提議、我們來好好運用這點吧。它是個絕佳的根基，影響了我的整個生涯，並把跨越鴻溝的重要性深植在我的心中。

當我從業務和行銷的角色轉變為為企業培養領導人時，我便體認到，以前這些妥善管理／監督的早期經驗幫助我勾勒出了自己的兼容哲學，並跨越了工作情境的差異。我注意到了「圈外人」和「闖入者」，以及那些

看似缺乏歸屬的人。我的經驗使我能感同身受，驅使我去兼容他們，並發掘他們在表象底下的價值。它拓展了我的世界觀，最終也擴大了我的心胸。

如何閱讀本書

在進入正題前，我們想以幾句話來說明本書要如何運用。「調適型」領導行為以及學習「通曉差異」的觀念有其難度，它所需要的不只是列出簡單的「認知訣竅表」而已。在某些情況下，你會發現它可能是以有違直覺的方式運作，你在同樣的情形下或許不會這樣反應；在一開始的時候，你或許甚至會覺得它很奇怪。我們希望本書成為你的腳本，**指引你先後在職場上及更廣泛的社群中以更好和通曉的方式與各式各樣所遇到的人打交道。這份腳本能幫助你以更好的準備來跟「有別於你的員工」互動。**即使臨場的互動結果可能不同於預期，但準備和思考的過程會使你更加明瞭自己的風格，並學會要如何與此人折衝。

第 1 部所提供的理論基礎是關於**「我們為什麼需要承認差異」，並學習針對與我們不同的人來磨合自己的管理風格。**我們會定義權力鴻溝，這是經理人需要了解的重要關係動態，並傳授要怎麼把它辨別出來。利用我們專為本書所發展的評估工具，你就可以評量自己對於權力鴻溝的了解與通曉度。評估工具將有助於明白指出，你在哪些方面可能需要投入更多的練習、教育和深究。我們還會介紹通曉型領導人的概念——這種人能有效拉近他們本身與同事之間的距離，並讓每位員工都能充分發揮。

第 2 部談的是實務。我們所討論的不只是**往下對員工的磨合，還有橫向對同儕以及往上對上司的磨合。**我們會介紹一系列在現實生活中形形色色的領導人，他們跟自己的團隊與同事每天都在經歷這件事，包括制訂對談與解決問題的架構在內。各位會學到，在遇到任何新的工作關係而試圖去加強了

解與溝通時，就要問自己三個關鍵的問題。我們還會分享，磨合的概念可以如何應用在組織以外的關係上，包括客戶、供應商和顧客，以便把影響力擴及市場與社群。

第 3 部會說明要怎麼把成功擴大，以及把所學到的成果傳遞給別人。這幾章會讓各位**結合本身的磨合技巧，以便在策略上針對監督與塑造合宜的行為來思考**。我們在最後會談到，可以如何善用團隊中多元的思考與溝通風格，好讓你能打造出尖端的商業作為。

而且在本書通篇，我們都會介紹通曉型領導人。他們有效縮短了權力鴻溝，並把組織改造得更好。這些領導人是出身自各種不同的背景，個性的類型與領導風格也因人而異。有些人的本性比較含蓄、沉默與深思熟慮，有些人的個性則比較強勢與直來直往，但在稱職的背後，每個人都展現出了通曉型領導人的共同特色。這些特色可以培養，我們也會說明要怎麼做。

最後，我們希望本書能指引及教導各位要怎麼成為通曉型領導人。我們想要幫助各位建立起超越差異的成功關係，以協助各位的企業茁壯。我們很興奮能與各位分享這套新腳本，以巧妙而有效地與員工折衝，並建立更穩固與更持久的工作關係。**無論你是經驗老到的主管還是第一次當經理人，本書都有助於你扮演主動的角色來拉近權力鴻溝，並為這批崛起的從業人員開發出潛藏的才能**。我們的共同未來就有賴於此。

（注：除了涉及明顯可辨的組織外，本書通篇的圖解或印證實例所使用的名稱與身分一律經過改寫。）

關於權力鴻溝的用語

權力鴻溝 power gap

把個人與具有權威地位的人分隔開來的「社會距離」（social distance），無論是在正式還是比較非正式由性別、年齡或文化差異所界定的結構中。

縮短或管理鴻溝
closing or managing the gap

能有效解讀自己與其他個人之間的權力鴻溝，並以最適當的方式回應他人，以拉近社會距離。

磨合 flexing

針對如何溝通、建立關係與回應他人來調適自己，並把對身分差異的理解納入所用方式的考量中。

通曉型領導人 fluent leader

個人能不帶成見地深究自己與所屬的團隊成員在組織地位上的差異。這種領導人不要求別人適應他的風格，而會去調適自己的領導風格，以便與團隊成員折衝，並幫忙拉近彼此的距離。

文化 culture

社會團體在態度、知識、行為與策略上的獨特結合，並受到社群所強化。

多元 diversity

使一群人有別於另一群人的可見（性別、族群等等）或不可見（宗教、思考方式、殘疾等等）面向。

刻板印象 stereotype

對於某種背景的人會怎麼表現或怎麼想所普遍抱持卻過度簡化的概念。

多元文化職人 multicultural professionals、
少數族群職人 minority professionals，以及
有色人種職人 professionals of color

這些在本書中交替運用的用語，以描述美國勞工當中的非洲裔美國人、拉丁裔美國人、亞太裔美國人和美國原住民。

關於職場上的四個世代

傳統派 Traditionalists

出生於 1946 年以前的世代，又稱為「老將世代」（Veteran Generation）和「最偉大世代」（Greatest Generation）。這個世代經歷過經濟大蕭條，特色是具有公民的責任感、尊重權威、肯犧牲、工作勤奮。

嬰兒潮世代 Baby Boomers

大約在 1946 到 1964 年間出生的世代；個人主義、理想主義、樂觀和強大的工作倫理是這些勞工的特色。

X 世代 Generation X

年長嬰兒潮世代的子女，出生在 1965 到 1976 年間，普遍的特色是獨立，重視工作與生活的平衡。X 世代被形容為具有「自由工作者」（free agent）的心態，能適應變化，並帶有適度的質疑。

Y 世代／千禧世代 Generation Y/Millennials

又稱「迴聲潮世代」（echo boomers）。Y 世代的勞工是出生在 1977 到 1994 年間，對科技瞭若指掌，熱愛社群媒體，渴望強大的團隊文化；對科層組織避之惟恐不及（尊敬的是才幹，而不是頭銜）；具有公民的責任感；重視私人時間。

PART_01

Getting Inside The Gap: What Keeps Us From Connecting

進入鴻溝：
是什麼使我們缺乏連結？

那些你不知道，
但會傷害你的事：
我們為何不談論差異？

只靠自己一個人，我們能做到的只有這麼多。

我們受本身的能力所限。但要是能集眾人之力，

我們就不會面臨這樣的侷限。

我們擁有不可思議的本領來激盪出不同的想法。

這些不同可提供創新、進步與理解的種子。

——**史考特・佩吉**（Scott Page），《**差異**》（**The Difference**）

有兩位高層經理人把所屬團隊成員的考績仔細看了一遍，以便為即將登場的年度審查和評量會議預作準備。當他們在審視考核時，掛念著最近有個中階管理職出缺，於是便左挑右選，看能不能找到績效一流的人來補上這個職位。「娥蘇拉怎麼樣？」其中一位問道。「她的數字很亮眼。」

　　「是啦……」另一個人頓了一下。「也許吧。她是個『搖滾明星』──別誤會我的意思。她的本事過人，但我真的搞不懂她。她都不真正回應我的問題和建言，所以我根本不確定自己有沒有跟她搭上話。這聽起來像是領導人的料嗎？」

　　這就是新全球化從業人員的現況：有許多經理人很掙扎，所面對的處境也跟自己入行時截然不同。

　　對於在全球舞台上經商與領導的重要技能，就連在專門提供尖端管理訓練課程的組織裡工作的人都找不到什麼相關準則。企業裡大部分的課程都是著重於教導員工改善溝通、管理衝突、管理團隊、提升成就和精進提報。可是當職場感受到員工「得不到了解」的衝擊時，擴大市場的機會也隨之消失：那群不滿與無心的勞工不是表現低落，就是一走了之。表現優異的員工和平步青雲的人選則是遭到打壓或冷凍，因為組織沒有充分發揮出他們的長才。經理人搞不懂他們要的是什麼，或者他們認為自己所要求的是什麼。而有的人根本就不了解自己的新員工。

　　真相在於，以美國為例，從業人員的樣貌正在改變。它正變得文化更多元、更年輕、女性更多，而這些差異正在第一線經理人和不同背景的勞工間擴大，我們也感受到了它的衝擊。

　　根據美國勞動部的資料，截至 2012 年 6 月，勞動力當中有 36% 的人是來自多元文化背景（亞裔、非洲裔美國人和拉丁裔後代）。人口普查資料預測，到 2050 年時，美國將不會有為數過半的種族或族群，而且

在 2000 到 2050 年間，美國所增加的勞動年齡人口將有 83% 是來自移民和他們的第一代子女。

　　根據管顧公司麥肯錫（McKinsey）的研究，在 1970 年的美國，所有的工作有 37% 是由女性出任；到了 2009 年，所有的工作則有將近半數是如此。現今的從業人員大約有四千萬人屬於千禧世代，而且年年增加數百萬人。到 2025 年時，全球每四個勞工當中將會有三個屬於 Y 世代。依照最新的統計，女性在醫學院的就讀占比中是略低於五成。甚至跟早在十五年前比起來，連過去在美國一直很稱職在領導團隊的經理人如今也面臨了更多溝通上的問題，以及在培養團隊上更多複雜與多層次的挑戰。這種現象相繼發生在世界各地，包括英國、法國、日本、巴西和德國。同一套管理技巧正在失效，交手的規則也無法一體適用於這個新的處境。要是對人與人之間的人際鴻溝少了更細膩的理解，經理人就會不知道該怎麼讓自己和擁有不同文化價值與成功動力的員工拉近距離。

　　大型跨國企業是在幾年前相當突然地學到這類教訓，當時有數百家公司為了降低成本而把後台的資訊科技作業外包到了亞洲。同樣這些公司後來不得不投入大量的時間與金錢來釐清，跨越國界要怎麼運作會比較好。它們並沒有考慮到這種做法的人性面──新搭檔會有什麼預期、是怎麼溝通、決策過程如何、是如何界定信賴與尊重之類的價值，以及對成功是如何衡量。

失去最佳人才的重大影響

　　在這個節骨眼上，各位或許會很納悶，這跟我有關係嗎？不是有一些一體適用的管理技巧嗎？這不是觸角遍及全球的《財星》五百大（Fortune 500）公司才會有的問題嗎？但多元文化、女性和千禧世代在從業人員中的占比現在（或者很快）就會日益提高。即使你開的是間小

公司，員工群不見得有那麼多元，但供應商、外部夥伴和顧客在不久的將來也會使你的事業展現出更廣泛的不同典型風貌。所以，養成員工後，並讓他們「聽天由命發展」的代價有多高呢？我們所請教的人資主管表示，補充一個跳槽員工的成本可能從員工薪水的一・五倍到高於兩倍不等。以研究所畢業後應聘第一年內的管理顧問來說，補一個人總共要花掉 25 萬美元左右（包括薪水、徵才、訓練和養成成本）。若再把它乘以新聘人員數，總額會更驚人，而且我們所談的是那種孤注一擲的認真投資。當高度競爭的行業去檢視最近新人的異動率，並發現折損率高得離譜時，它們便開始質疑起既有流程的成效。

有一位在醫療公司負責到大學徵才的經理人表示：「我們今年所招聘的人數跟往年一樣，但那批學員在頭九個月當中已經流失了三成。我們的新進人才很難留住，因為我們的組織文化是由上而下，權力只能單向流動，經理人無法讓年輕的應聘人員產生及早的參與感。我們最新的應聘人員很想有所貢獻、表達自己的意見並想辦法帶來價值，但卻得不到發聲的管道。領導高層為什麼不多關注一下他們？畢竟在短短幾個月前，他們都是待在外界，與外界的聯繫還很強，所以能針對『要如何才能更貼近顧客』提供現實生活的觀點。」雖然企業界或許同意，他們在適度徵聘女性和多元文化的員工上做得挺不錯，但他們根本不曉得要怎麼留住這些最優秀的人，並讓他們充分發揮潛力。此外，他們並非向來都善於透過傳統的徵才機制來發掘璞玉。顯然，需要對這件事有不同的做法了！

其實，這一切的誤會、溝通不良和錯失良機都有法可解。答案就在於要重視員工在領導發展上的差異，並培養通曉型領導人的特質。這種領導人會不帶成見地深究自己與所屬團隊成員的差異。他不要求所有的團隊成員適應他的風格，反而能調適自己的領導方式與管理風格，以便

與所屬的團隊成員折衝，並幫忙拉近彼此的距離。

這種「磨合的能力」會影響到我們如何應對權力與地位的差異，以及我們如何彼此溝通與建立關係。磨合的概念剛開始看起來雖然相當簡單，但這項技巧要用心付出才能隨著時間精進，使它發揮出最大的影響力，並讓出身各種背景的同事感受到這股影響力。

挑戰在於：建立信賴

當個領導人要有勇氣去激勵別人把最好的一面貢獻出來。要創造出信賴員工的環境（尤其是對於你並不是這麼熟悉的員工）並非易事，即使是管理同質團隊的領導人也一樣！這指的或許是要撇開個人的判斷以及對他人的假定，並以事實來驗證這些假定的真確性。它有賴於發自內心的相信，以及貫徹到底的付出。

為了讓大家看清現況，我們所認識的一位新科 MBA 在輔導會議後曾很認真地發問：「我們公司有高層領導人因為替公司賺了很多錢就亂搞一通，但卻沒人惹得起他們。要是連對手下不好的差勁領導人都得到了獎賞，那我為什麼應該要立志做得更好？這樣的努力值得嗎？」我們可以理解他的觀點；當你看不到可以效法的正面榜樣時，領導階層的作為就很容易讓人忿忿不平。組織在灌輸強烈的企業價值時要很小心才行，因為員工會指望領導人來示範，這些價值實踐起來會是如何。這指的或許是要大家對自己在職場上最看重的原則說到做到。至於有效的日常管理作為要如何示範，領導人則要自行決定。

在致力於培養有原則的領導人時，無庸置疑的是，各位在這個過程中或許會遇到一些阻力。假如你要組織的經理人重視通曉型領導，那你可以考慮以公司一體的策略把兼容式領導和文化通曉度的核心價值灌注到公司的 DNA 裡。假如你想要在這個全球新局中建立有利可圖且可長可久的事

業，那你就不能把有別於主流環境的人才、資源與觀點排除在外。

我們衷心希望各位能明白，「磨合」將如何使各位在現今的全球企業環境中成為強而有力、更受敬重的領導人。

善於「磨合」，對企業好處多多

要成為通曉型領導人，就必須靠個人的操守與用心來做好經理人該做的事。

對企業來說，這是再合理不過的事。但值得重申的是，**美國、或許也包括全球的企業環境與職場永遠再也不會一樣了。**在世界各地的已開發國家中，從業人員都在老化，而且再過十年左右就要退休。你的公司很有可能會由來自世界各地的勞工以及北美的多元文化員工所組成，從業人員裡的女性會比以往都要來得多，更多的年輕人則會取代退休的嬰兒潮世代。無論公司的總部在哪，你八成也會跟至少一家的海外夥伴、廠商或供應商做生意。

對於自己和不同文化、性別與年齡的員工（或客戶）之間的社會距離，你的應對方式會決定公司的成敗。依照荷蘭社會心理學家莫克・穆德（Mauk Mulder）的定義，這個距離或權力鴻溝是指把下屬與老闆分隔開來的**「感情距離量」**。著名的跨文化專家吉爾特・霍夫斯塔德（Geert Hofstede）以本身的研究補充了這個定義，並表示老闆和員工對於社會所能接受的權力距離主要是取決於母國的文化。

基於本書的目的，我們將用「權力鴻溝」來討論把人分隔開來的差異，包括經理人和員工、男性和女性，以及來自不同世代與不同文化的員工。對於這些關係，我們都是以權力鴻溝來指稱這種距離。例如在某些國家，公然與另一位高層主管唱反調可能就足以使敏感的談判觸礁，或損害現有的工作關係。同樣地，在世界各地的某些職場上，女性經理

人所得到的尊重則不如男性的同儕。

各式各樣的學術研究和報告都把多元與多元的思考過程連結到更高的投資報酬、更好的溝通以及更稱職的團隊上。比較近期的研究顯示，「採納不同的思考方式」對創意與團隊合作貢獻良多。會創新思考的通曉型領導人能掌握到底下的人所帶上桌的獨特觀點（就像在淘金一樣）。

在《5個技巧簡單學創新》（The Innovator's DNA）這本書中，作者傑夫‧戴爾（Jeff Dyer）、海爾‧葛瑞格森（Hal Gregersen）和克里頓‧克里斯汀生（Clayton M. Christensen）就強調，**「探索導向型」**（discovery-driven）的主管會跟不像自己的人打交道，並深知從意想不到的地方去尋找智慧有多重要。身為經理人，你可以把這點應用在本身的組織中，積極不懈地努力去拉近存在於你和所屬團隊成員之間的距離和差異，而不要輕忽那些或許沒受到你關注的人。

無論我們可以向各位提出多少學術資料論點和個案研究，以下的實例大概最能呈現出我們在領導發展研討會中通常會聽到的情況。

領導全球團隊

「吉姆」是間全球公司的資深副總裁，這家大型消費品公司在九個國家設有辦公室，並遍及亞洲、歐洲與南美。全球公司的網站和徵才內容很強調全球的「相互連結」。身為部門的負責人，吉姆所管理的團隊有二十一位部屬。而在吉姆的團隊裡，有很多人也分別在管理自己的全球團隊。這家公司明訂的宗旨是全球兼容與多元，並鼓勵經理人盡可能擴大應徵者的招聘來源。就他本身而言，吉姆可以自豪地說，他的團隊裡包含了各式各樣的人，像「馬克」是偶爾會一起打高爾夫的球友，並受到他親身指導；二十三歲的「米莎」是一時之選，原籍印度；保羅則是巴西辦公室的負責人。全球公司的每個團隊在雇用的第一年都受過規

定的多元化訓練，公司也很自豪本身在歧視方面的紀錄是零缺點。吉姆很善用定期、持續的管理訓練和主管教育研習。在個人方面，他發現寬大的「開門」政策確保了自己能與所屬團隊保持聯繫，所以別的團隊成員、產品或客戶只要一出現警訊，他就會知道。

全球多元化作業有一個部分是，全球公司的人資部門安排了吉姆和所屬團隊去參加「**文化通曉度**」（cultural fluency）的專題討論。透過組織的這項作為，領導人要不斷努力地去了解和欣賞其他的文化。高階全球主管的專題小組討論到，「跨文化調適」對所有的經理人至關重要，尤其是對於那些負責在全球市場上工作的人。吉姆在會談中聽得聚精會神，會後他又向與談人握手致意，以感謝他們激發人心的討論。他拉著馬克去吃午飯，並向卻步的米莎點了個頭，她則用推特發了一句自己在聽講時相當喜歡的話。

「內容很有意思。」在回到校區的路上，吉姆對馬克說。「可是我很高興我們在這方面不只做到了這一切。我們不會挑起眾人的差異，從來都不會。我們所遵行的原則很簡單：我們彼此尊重，做事規矩。一切就在於彼此尊重，這是我們價值體系的核心。一句話，每個在我手下做事的人都是全球公司大家庭的一份子。」

吉姆對自己的多元團隊以及自己在公開溝通上的努力感到自豪，這相當令人欽佩，但吉姆可能犯了一個屢見不鮮與短視的錯誤，那就是**掩蓋了團隊中的差異**。吉姆相信，自己對待部屬是一律平等。但在後續各章中，我們會就其中一些來探討，進而看出吉姆是如何未能切中要點，以及每個員工和公司會付出什麼代價。

吉姆這種「縮減差異」的管理風格有個先天的問題在於，他相信只要公司裡的每個人好好彼此尊重，一切就會很順利。尊重是正確的基本價值，但也深受情境所左右。可以理解的是，吉姆在整個生涯中所管理

的其他團隊都是鬥來鬥去並缺乏凝聚力。他必須用「尊重」部屬這句話來當做團隊的「箴言」，以打造出同心協力的工作環境。這支新團隊看不出「外在」的衝突，不過吉姆眼中所認為的尊重在米莎看來或許一點都稱不上尊重。他們或許沒有一個人明白，對保羅負責在巴西開發的成千上萬個女性消費者來說，保羅眼中所認為的尊重也不是如此。尊重被重申了這麼多遍，要選哪一個才對？我們要照誰的規則來走？因為負責的人是吉姆，所以我們就要聽他的嗎？因為主攻的消費者是衣食父母，所以就聽他們的嗎？還是因為米莎代表了新世代的聲音，所以就聽她的？各位可以看到，這種表面的雷同有多快就瓦解了。意圖避免「讓任何人感到不快或是在無形中矮人一截」雖然是出於善意，但迴避任何辨別、討論甚至是承認差異的矯正其實一點都沒有矯正了什麼事。

意圖避免「讓任何人感到不快或是在無形中矮人一截」雖然出於善意，但迴避任何辨別、討論甚至是承認差異的矯正，其實一點都沒矯正了什麼事。

職場與所屬社群中的「外向理想」

　　差異不一定是像出身什麼國家或是性別那麼明顯，但它所涵蓋的溝通價值與風格也會使我們與公司的規範產生距離。在蘇珊・坎恩（Susan Cain）鞭辟入裡的著作《安靜，就是力量》（Quiet）中，她描述了自己在研究內向者時所經歷的過程。她所搭上話的一位哈佛商學院學生壓根就認為，「哈佛商學院沒有內向者。你在這裡找不到半個」，並描繪了在他們學校顯然很吃香的特定成功形象。當然，實情並非如此。我們就遇過善

於交際的內向者在哈佛商學院就讀（後來也成功當上了主管，甚至是組織的負責人，並橫跨營利與非營利界）。但有某些職業或組織會強化某種主流的「風格動態」（style dynamic），使它在該組織中被認為較有吸引力，並讓新進人員（包括有意就讀的學生）察覺到，只有符合「外向」形象的人才需要來應徵。

確切來說，這種「外向理想」（extrovert ideal）無所不在，而且在北美大部分的企業環境、學校與社會中經常受到讚賞。在職場重視「強悍、顯眼的領導特質」下，不令人意外的是，個人要是沒有以明顯而醒目的大動作來展現領導力，常常就會遭到忽視。

我們老是聽到這種「讓我們彼此尊重」的管理哲學。如果要了解它有多盛行，把縮減差異的本能擺在脈絡中來看會有所幫助。吉姆的思維反映出，它有部分是在回應差異在歷史上所受到的歧視與不公平待遇。女性和少數族群的職人是晚達五十年前才進入美國的職場，而且在公司的董事會中幾乎看不到身影。在打造更多元的工作環境時，確保薪酬與地位平等以及禁止歧視的法律規定是必要的基礎，但做到這點並不足以替人阻絕掉潛藏在組織中的成見。公司固守著由主流文化規範所形塑出故步自封的強硬態度，而沒有留下任何空間給不符合這個模式的勞工。

從 20 世紀的初期到中期以來，我們肯定是大有進步。假如女性和來自多元文化背景的人能公平從事與進入特定職業就是終極目標的話，這會很容易讓人以為我們已克竟其功。但假如我們真心想要在全球經濟中成功，這條路就不止於此。我們所需要的體系要懂得**如何善用我們的共通之處，還要學會如何辨別和運用我們的差異**。

下一步則是 1980 和 1990 年代的擴大職場多元化訓練，主要是關於

種族、性別和基本權利的觀念，由企業裡的人資和法務部門所主導，目標是要消除對差異所貼的標籤，並把成見與歧視給挖掘出來。但凸顯多元問題所引發的意外後果只帶來了成見、偏見與不公，因為只要一提起多元，負面的脈絡就揮之不去，使人稍微一談到就緊張兮兮。

喬治城大學「麥克多諾商學院」（McDonough Business School）的院長大衛・湯瑪斯（David Thomas）說，這種凸顯的效應之一是使公司祭出了「防禦性的政策」，以指導經理人從外在來停止辨別差異，並就此打住。在此同時，企業說帖則不斷演變成對多元的從業人員有利。在嚴苛的勞動市場上，公司對多元的關注被頂尖的人選視為一大優點。頂尖人選高昂的養成和訓練成本也代表公司需要去了解多元勞工的需求，才能留住他們。多元的從業人員逐漸被視為能準確反映出多元消費群的關切與需求。領導人和研究人員雖然一面標榜「多元是一流公司必須要有的表現」，但對於凸顯差異和勾勒它的正面脈絡所需要的語言，法務團隊和人資部門卻是一面在消滅或掩蓋。

因此，在我們的經驗中，我們在大大小小公司內部都看到了不成文的假定、扞格的訊息和混沌不明所造成的衝擊，並涵蓋三個主要的群體：文化、性別和世代。其他的群體當然也會呈現出職場上的差異，像是種族、宗教、殘疾和性別傾向，而且有研究證明，主流文化對於這些群體同樣缺乏了解並形成了權力鴻溝。不過在本書中，我們會聚焦在頭三個層面上，因為學會辨別差異並適當磨合管理風格對領導人至關重要。

——
女性帶上領導桌的是什麼

雖然女性持續受到公司積極爭取與延攬，並在成為從業人員而當到小主管級的畢業生當中占了半數左右，但《金融時報》近來有一則報導卻指出，英國的公司一直很難拔擢和留住女性的主管。根據克蘭菲爾

德大學（Cranfield University）管理學院的《2012 年富時女性報告》（Female FTSE Report）指出，女性在「富時一百」（FTSE 100）的執行董事中只占 6.6%，在「富時兩百五」（FTSE 250）當中則占 4.6%。企業主管輔導機構普雷斯塔（Praesta）的研究顯示，女性鮮少有領導上的角色模範，所以她們在採用傳統模式時會遇到指導上的危機，於是有些公司便祭出非傳統的指導安排，像是以比較資深的女性來搭配資淺的男性主管，以協助男性了解女性的定位，或者在各公司都是由女性互相指導。

當女性所展現出的領導風格跟男性高層所採用的比起來被認為「太過柔弱」時，這也是種懲罰。比較強調共識的風格仍未被當成強勢領導來看待。許多人的心裡都有個根本的假定是，女性根本就承受不了領導職所帶來的壓力。但這是公司所不敢觸及的話題，對女性高層的信賴也是閃閃躲躲。要是我們不能坦誠談論女性領導風格的價值，並靠支持與贊助關係的基礎建設來帶動，女性主管的高折損率就會持續處在高檔。

「影響領導力 21」（IMPACT Leadership 21）的執行長暨創辦人珍妮・薩拉札（Janet C. Salazar）說，**女性在職場上最常犯錯的錯誤就是假定男性會自動去了解她們。**「想都別想。身為女性，你絕對不能假定男性會去了解你、你的領導方式，或是你的出身。男性的思考結構不一樣，所以你必須教育他們、學習他們的語言，並善用這些性別上的差異來共事。」對男性來說呢？「也是一樣。女性所用的語言跟男性不一樣，所以你要去了解獨到之處和對互動的影響，以及女性是如何對男性的一舉一動賦予意義。」

性別專家阿維娃・維滕貝－考克斯（Avivah Wittenberg-Cox）在她的著作《女人不容小覷》（Why Women Mean Business）中探討了了解女性會為組織帶來獨特價值的重要性。女性有強大的購買力，並能為

領導決策帶來不同的觀點。女性職場研究組織卡特里斯（Catalyst）和麥肯錫近來的研究也顯示，董事會或執行委員會裡有較多的女性會帶來重大的績效優勢，盈餘也會增加：銷售報酬率為 73%，股東權益報酬率為 83%。

有位全球消費品公司高階領導人表示：**「員工看起來能愈像顧客並了解他們，我們就會愈成功。」**他看出了善用組織內部的差異會直接關係到獲利。

文化危機

在衡量權力鴻溝時，性別只是公司需要考量到的其中一項差異。嘉德亞服務（Cardea Services，它的前身為健康訓練中心〔Center for Health Training〕）指出，組織如果要真正強盛，所需要展現出的就**不只是文化上的多元，還有對文化的精通。**

美國政府的聯邦「玻璃天花板委員會」（Glass Ceiling Commission）的研究，則在「標普五百」企業中發現了一項既可觀又鮮明的差別：在多元相關措施上居於劣等的後一百名公司平均進帳的投資報酬是 7.9%，位居前一百名的公司則是這個報酬率的兩倍多，平均來到了 18.3%。把精通文化的舉措灌注到公司整體的價值、政策和方案中，所得到的效果就會很可觀。

我們在自身的工作中也看到「缺乏文化意識」會成為有效經營的阻礙。「亞力士」是個帶有拉丁血統的年輕投資銀行員工，他回憶起自己必須陪同高階的銀行人員去巴西拜會一家潛在的本土客戶公司的經驗。那次首度拜會時，本土公司的兩位高階領導人盛情款待了這組人馬，並花了第一個小時來認識這個銀行團隊，甚至問到了高階銀行人員的個人興趣和家庭背景。亞力士可以察覺到，隨著時間過去，他的高階管理團

隊正逐漸失去耐性。

　　由於巴西的企業文化十分講究關係與信賴，因此在跟美國的夥伴建立起某種深層的個人信賴感之前，本土組織的領導階層並沒有準備要談生意的意思。相反地，美國人則是準備在頭二十分鐘就把文件給簽好。亞力士回憶說：「我們差點就搞砸了那筆買賣。我們才要開始暖身並認識彼此時，我們這邊的資深常務董事就急著往簽定買賣的後續步驟邁進。動作不是非得這麼快不可。假如我們把那些時間拿來建立那種關係，我們還是會得到成功的結局。」

　　對文化期待的差異會造成不同的後果，我們還有個例子是，在一路爬到大位的生涯軌跡中，服務於西方公司的亞裔人士會變得停滯不前。亞裔人士現今在美國是教育程度最高的文化群體（50% 有大學學位），在某些行業的基層從業人員當中占了 15% 到 20%，但在公司幹部當中只占了 0.3%，在公司董事當中則占不到 1%。這麼不對等的背後因素為何？

　　人才創新中心（Center for Talent Innovation，前身為工作生活政策中心〔Center for Work-Life Policy〕）在 2011 年的「美國亞裔」研究中指出，**對於要怎麼調整自己的舉止、外表和言談來迎合職場上固有的領導模式，有近達半數的亞裔男女覺得有壓力。**雖然外界仍是透過「模範少數族群」的刻板印象鏡片來看待亞裔人士，但對於以專案來支持他們的職業發展卻很稀少，尤其亞裔人士所背負的這些特質和主流的期待形成了對比：美國強調的是積極的領導風格，必須醒目而明顯地展現出個人魅力，以及能不厭其煩地自我推銷。

　　因此，根據加州大學河濱（Riverside）分校在《應用心理學》（Journal of Applied Psychology）上所發表的研究指出，運用少數種族的知識與經驗在全球市場上會帶來明顯的競爭優勢，但在企業領導人怎樣才算優秀的認知上，刻板印象和成見卻揮之不去，以致於少數族群

在領導升遷上受到了很大的影響，機會與市占率也就此拱手讓人。

世代鴻溝

有個行之有年的抱怨是，父母從來「不了解」自己的孩子或孩子的朋友，所以他們自然聽不懂父母的意見與觀點。每一代都有自己的一套價值、成見和喜好，而有別於其他的世代。所以可想而知，一般的美國職場目前所雇用的勞工是來自四個不同的世代，每一代都有獨一無二的工作心態與方式以及職場文化，所形成的多元挑戰則不下於性別與族群。

嬰兒潮世代還是很容易一週投身工作八十個小時，Y 世代的人才則把工作與生活的平衡以及工作的意義看得很重，而無法忍受那種對工作任務的終極目標不明就裡的期待。

事實上，領導發展顧問和世代專家也表示，**形塑職場價值與留才率的世代差異在現今的公司中日益顯著**。「在 Y 世代身上，公司與勞工之間的社會契約已有所變化。」Y 世代專家暨《從學業到職業》（Getting from College to Career: Your Essential Guide to Succeeding in the Real World）的作者琳賽·波拉克（Lindsey Pollak）說。「對千禧世代來說，**忠誠並不等於要待在公司、建立職涯，然後退休。他們希望經理人把他們視為個人，並了解他們的貢獻**。他們希望領導人把每個千禧人都培養為平等的參與者，而不只是會做事的人。他們想要愛自己的公司，因為公司和品牌就是自己的投射。」她說，嬰兒潮世代對於 Y 世代的部屬多半沒什麼意見；X 世代對下一個世代則不太了解。X 世代的老闆最好要學習，「當事情展開後，就要對它放手，盡到了本份分就好。要去想的反而是，要怎麼讓 Y 世代比較好做事。你要怎麼善用 Y 世代對於企業目標的既有知識？把他們送進你不想參加的委員會。這些是新的領導人。要去了解新人類！我們需要他們的知識！」

隨著領導階層臨屆退休年齡的人數增加，以及我們看到了空前的人才荒，對於有意吸引和善用年輕一輩勞工的公司來說，了解要怎麼激發年輕一輩的世代就變得日益重要。但要是對不同的風格以及它們是如何展現各世代的價值缺乏了解，勢必就會產生扞格。不管你喜不喜歡，Y世代的人才都會去尋求並找到更契合本身價值與工作風格的地方。嬰兒潮世代或許反抗過他們較為保守與傳統的父母，但他們還是需要部屬的尊重。同樣這些包含X世代與Y世代的團隊在先天上就比較有創業精神，甚至會對公司內部傳統的科層結構感到不耐。

　　經常被老一輩的世代形容為「眼高手低、只顧自己、沉迷科技」的Y世代勞工展現工作價值的方式多半不太一樣。他們可能五點一到就下班，等晚上晚一點卻會回到線上工作到半夜。他們要的是有意義的工作案件，連最基層的應聘人員都希望覺得與更大的組織主軸有所連結。他們的媒體多工或許會讓老一輩的經理人摸不著頭緒，但他們確實掌握了關鍵來迎合七千兩百萬個所屬世代並且有錢可花的消費者。

　　根據蓋洛普（Gallup）在2013年的研究，無法讓勞工受到激勵與發揮產能的組織一年估計會損失四千五百億到五千五百億美元。柏克曼國際（Birkman International）的訓練總監麥特・詹周（Matt Zamzow）表示，「**無法以適當及有效的方法來化解世代鴻溝**」的公司，將會面臨空前且嚴峻的留才問題。

───
牢不可破的「雷同性」

　　要是以露骨的成見以及對多元的反動來論斷，前面故事裡吉姆的「眾人齊頭式」架構看起來可能像是進步的行動。畢竟他的團隊很多元，我們也看到吉姆在態度上對部屬所表達出的善意。不過研究指出，就駕馭差異而言，有善意和正面的意圖並不夠。吉姆雖然秉持著最好的意圖，

我們卻在他的管理哲學中看到，他或許是出於無意識而隱約相信，自己的做法是對的做法。畢竟吉姆、馬克、米莎和保羅之間依舊存在著文化、性別和世代上的差異。吉姆期待團隊中的那些文化異數能融入他所共享的主流職場文化，並在要怎麼成功與發達上接受相應的行為與期望。

當領導人只懂得透過自己那塊鏡片來感知與判斷行為時，他就會迫使在主流文化以外的員工改變自己在職場上的行事作風，無論他們是否明白自己在做什麼。為了被認為是領導人的料，女性可能會被期望要展現出較為積極或好勝的風格。來自其他文化的勞工在合宜的行為與習性上必須接受西方或美式的觀念，而且甚至壓根就抵觸了自己所承襲與學到的文化價值。對進入職場的千禧世代來說，融入可能就代表要放棄使用共同的社交人脈平台，以符合公司比較能接受的溝通模式，或者是接受比「自認的應得待遇」要慢的升遷路徑。要是沒有調適與通曉型領導人來當家作主，以鼓勵不同的看法，員工就會有很大的壓力要去迎合團隊中既有的領導規範。

在理想的狀態下，組織和來自特定文化或世代的員工要彼此互相磨合才對。這雖然沒有神奇的公式可循，但歸根究柢就是，**雙方都需要做對企業最有效的事。要做到這點有賴於多發問，而不是自動就把人安插到預設好的系統裡**。這代表要在組織的預設風格、流程、溝通和主導升遷的不成文規定上去挑戰（雙方的）假定。經理人可以自問並鼓勵員工問說，每種風格有什麼優缺點？它會如何影響盈餘？它會如何影響關係的建立？哪種做法會最有效，或者不同的情境可能要有條件地適用不同的風格？

大多數的經理人並沒有意識到，自己是在強迫團隊成員的風格產生這些改變。畢竟如果要看到改變，他就必須了解及體察這些多元團隊成員的出身起點。有的人則認為這看起來很公平，畢竟他們是位在階梯的

頂端；那他們為什麼非改不可？依我們所見，簡單的答案就是，不這麼做顯然會有風險。在這樣的管理方式下，員工可能不會有發展，或是會對自己被迫改變感到忿忿不平。時間一久，有些人對於要不斷走出天生的舒適圈來迎合新的文化就會感到厭倦，並且乾脆去找個可以讓自己更容易發揮所長的組織（或經理人）。如此一來，他們就會表現低落或一走了之。這還沒把檯面上「**未經開發的閒置潛能**」給算進去──這是指如果能善用員工風格、價值與經驗上的差異（我們稱之為「**未盡其用的文化資本**」）來增進公司利益的那種潛能。

多元的舊企業說帖已不再足夠。光是在團隊裡擺滿多元化的成員就希望得到最好的結果，這並不能使公司受益。事實上，哈佛商學院的羅賓‧伊萊（Robin Ely）表示，經過「實證檢驗」，**多元要是未經整合與群體之間的雙向學習，反而會成為毀滅的力量**。研究證實，吉姆「限制談論差異」的色盲模式根本不管用；同樣地，未經深究就根據所認知的優缺點來「適當」指揮多元團隊成員的經理人也不及格，而且事實上可能會比沒有相應基本優勢的同質團隊會遇到更多的衝突。「多元研究網」（Diversity Research Network）聯合集團表示，多元需要超越企業說帖的簡化論證，因為它少了實地所看到的複雜性。該集團說，假如對此置之不理，研究顯示多元反而會對團隊凝聚力產生負面影響，並使溝通不良與衝突擴大。他們反倒發現，「在研判多元是否影響績效的本質時，情境至關重要」，而且有一些樂觀的證據是，「促進對多元的學習」會使組織直接受益。

在現今的全球市場上，假如不從管理的角度把小事給做好，我們會搞砸的可能就是「人才充分發揮」和「無所用心和錯失良機」間的差別。各公司都在善用多元化員工的大軍來產生文化上的洞見以啟迪創新。假如我們不投入時間或心力來了解所屬團隊成員的文化組成，在駕馭全球

團隊上就會落於人後，能激發創新思考並連結多元客群的人也會無用武之地。

成功的領導人必須願意與團隊成員折衝。他們會承認並跨越差異，以便對團隊成員給予適當與建設性的建言，同時尋找每個機會來善用差異並提高盈餘。

難以啟齒的差異話題

優秀領導人本身的意願與意圖就是這件事的關鍵。因為真相在於，不只是以防禦為能事的法務部門會鼓勵雷同的言論，人性的固有成分也會使我們對差異的議題敬謝不敏。它有部分是跟語言有關；身為美國職場的領導人，我們缺乏令人滿意的詞彙來談論差異。我們既有的字詞全都顯得太過沉重，要不然就是無法把我們的意思確切表達出來。

我們在大眾媒體上所接觸到對文化差異的描述有許多都是誇大的刻板印象或是一概而論，對討論差異更是種打壓而非助益。**談論差異令人不自在。**它看起來幾乎注定會引發衝突與敵意。我們畏懼負面的反應。事實上，我們極度害怕自己會有錯誤的假定或是說出失禮的話，以致於扼殺了我們在彼此身上所感覺到任何自然而然的好奇心。

所以我們必須發展出以有益的方式來談論差異的共同詞彙，好讓我們能展開這些基本且必要的談話。這也是充分了解彼此觀點與立場的第一步。

我們極度害怕自己會有錯誤的假定或是說出失禮的話，以致於扼殺了我們在彼此身上所感覺到任何自然而然的好奇心。

「我們不看膚色」的迷思

難怪我們在職場上討論差異會有困難。有些人可能對子女也避而不談文化和種族上的差異。碧姬・威特魯普（Birgitte Vittrup）是在德州大學的「兒童研究實驗室」研究多元文化故事情節與兒童對種族態度的博士生。她發現她所調查的美國白人父母幾乎沒有任何一位直接跟子女談論過種族。他們的家庭採用了一些概括的引導原則，像是「人人平等」或「撇開膚色，人人都一樣」，但幾乎從來不關注種族／文化上的差異，非白人的父母討論種族的機率則是他們的三倍左右。

對未知恐懼

在比較基本的層次上，全球各地的相異社會與文化似乎正以迅雷不及掩耳的速度在融合，但我們落伍大腦的流程還跟不上。

有些神經生物學的研究人員相信，我們對差異或許有演化上的成見，這點則支持了多元群體在特意學習與融合上的需求。「神經領導力研究院」（NeuroLeadership Institute）的大衛・羅克（David Rock）和丹・雷德奇（Dan Radecki）表示，還不熟悉的功能會在我們的腦中引發或戰或逃的反應，以便讓我們在面對潛在的威脅時不致於受害。

有些研究指出，「威脅」原因可能就儼然是不同種族群體的人。由美國和中國聯手的一項共同研究顯示，受測對象會在無意識當中感同身受地偏袒所屬種族群體的成員。研究中證實，我們在處理與朋友或者跟自己屬於「同一國」的人有關的資訊時，會下意識地有別於處理與陌生人有關的相同資訊。當我們察覺到某種固有的「雷同性」時，處理起來會比較準確和感同身受。要是察覺到對方是非我族類，我們在處理資訊

時所出的錯就會比較多。

　　假如我們老是一副不信賴或懷疑別人的樣子,我們在處理從對方身上所接收到的資訊時,就不會處理得非常好。假如我們接受自己與生俱來「對於跟自己最像的人就是會回應得最好與最準確」,那特別需要建立必要技巧以及培養多元環境的管理階層就變得更加重要。我們必須學習把差異視為隱性的潛能,而不是包袱。我們不只必須展現出了解不同觀點的意圖,我們還要對他人的觀點與動機永保好奇,並以技巧來駕馭領導風格,以便為團隊激發出最好的結果。這就是優秀領導人的特色。這就是通曉型領導人的特色。

我們必須學習把「差異」視為隱性的潛能,而不是包袱。

關鍵才能:通曉

　　我們現在知道,領導人對差異視而不見並不夠。我們知道,領導人期待身處在文化規範外的團隊成員盲目融入主流文化也不管用。那多元化團隊的經理人應該要期待什麼才對?我們在跟像吉姆這樣的經理人共事時,目標是要讓他們做到我們對現今的領導人所認定的關鍵才能,也就是我們所謂的「通曉」。

　　就英文上來說,「通曉」這個字是指能輕輕鬆鬆、毫不費力地表達自己。就跟通曉多種語言的人一樣,真正通曉的企業領導人能毫不費力地與形形色色有別於自己的人共事及溝通。

真正通曉的企業領導人能毫不費力地與形形色色有別於自己的人共事及溝通。

我們一想到通曉，就會聯想起另一個語言學用語——**語碼轉換**（code switching）。我們認為在描述通曉在企業情境中所能發揮的效果時，它是很好用的比喻。語碼轉換是指在一段談話中同時運用不只一種語言。各位可能聽說過西班牙式英文和新加坡式英文之類的說法，其中就隱含了語碼轉換的概念。

語碼轉換在過去被視為個人所表現出的一種因應行為，因為他對任何一種語言都不精通，而被卡在兩個語言世界之間。按照這種說法，為了加以彌補，他們就會在自己所知道的兩種語言之間轉換，並交替使用字詞和語彙，好讓人明白自己的意思。後來在《幼兒讀寫期刊》（Journal of Early Childhood Literacy）、《國際雙語期刊》（International Journal of Bilingualism）和《科羅拉多語言學研究》（Colorado Research in Linguistics）上所發表的研究指出，語碼轉換並不是情急之下的戰術，而是有意識地在語言之間挑選和選取用字遣詞，以確切掌握說話的人所要表達的細微差別。

因此，有別於在分別精通個別語言的情境下會被視為彆腳，操雙語的人能說不只一種語言便成了利多，有時還能因此創造出混合式的第三種語言來掌握別無分號的微妙措辭與意義。他們善用本身的差異來使自己受益。通曉文化的領導人就跟在不同的語言之間毫不費力轉換語碼的人一樣，能在不同的文化、性別和世代之間說話和轉換，並以情境所需要的最有效方式來溝通。

你看得懂以下這些「語碼」嗎？「西班牙式英文」、「新加坡式英文」和簡訊全都成了獨特的語言，並提供了既好玩又特定的溝通方式。它超出了「正常」的範疇，但真的相當一針見血而有效：

西班牙式英文

Vamanos a hanguear aqui ——「咱們來這晃晃吧！」

Es muy heavy ——「那非常深不可測（或可怕）。」

Trajiste tu lonche? ——「你有帶午餐來嗎？」

新加坡式英文

Ah ya! Cen you help me wit fix car, lah? ——「噢，不會吧！你可以幫
  忙我修車嗎？」

Yah lah, can, can. ——「好啊，可以！」

簡訊

IMHO, ITS PROLLY 2 L8 2 CALL. SO GLAD 2 B HERE! LOL :) ——「以
  我的淺見，現在決定八成太晚了。我非常高興來到這裡！開懷大笑與
  微笑。」

LUV UR SELFIES. SO ADORBS! VERY JELLY. ——「我愛你的自拍照。
  美極了！我非常嫉妒。」

　　語碼轉換似乎是在無意識當中以這種方式在運作，用最有效的現成
手段來充分表達自己。但身為領導人，我們在達到通曉之前，勢必要走
上好一段路並經歷好幾個階段。這段路所映照出的是，我們以成人的身
分邁向成熟的旅程。

——
學習階段與文化才能

　　我們在和客戶共事，以便讓他們通曉權力鴻溝時，所用的策略是取
材自威廉・霍爾（William Howell）的「學習四階段」（Four Stages of
Learning, 1982），還有米區・韓默（Mitch Hammer）的「跨文化發展

量表」（Intercultural Development Inventory, IDI, 2009, 2011）。

對於在學習新領導技巧時的四個「**才能階段**」（stages of competence），威廉·霍爾把它描述如下：

個人在一開始的階段是「無意識的無能」；他們並不曉得自己有多無知。他們後來體認到了自己的不足之處，所來到的階段則屬於「有意識的無能」。他們仍然缺乏能力，但現在曉得了這點。個人有意識地接續學習新的技巧或能力，並把這項技巧練習到使個人最終具備「有意識的才能」，或是不假思索就能把技巧展現出來或擁有能力為止。來到這個階段，你根本就不曉得自己正在適應不同的風格，要練習新的領導技巧就會變得比較容易。

（1）**無意識的無能**：個人並不知道要怎麼做某件事，也體認不到所缺乏的能力。在培養為領導人時，這或許是他的「盲點」。個人或許會否認需要學習新的技巧。

（2）**有意識的無能**：個人雖然還沒有學到要怎麼把新技巧展現出來，但愈來愈曉得所缺乏的能力。

（3）**有意識的才能**：個人學到了要怎麼做某件事。不過，技巧或知識必須全神貫注才能運用出來。新技巧要有意識地大費周章來執行。

（4）**無意識的才能**：個人更加頻繁地拚命練習新技巧，使練習變得簡單許多，而不需要刻意花費多大的工夫。

此外，我們發現跨文化發展量表有助於我們評估團隊在領導訓練上的「**跨文化準備度**」（intercultural readiness）。它使我們對個人、團隊與組織的文化才能一目了然。「跨文化發展光譜」（Intercultural Development Continuum, IDC）則是在辨別文化才能的五種世界觀：

否定（Denial）、極化（Polarization）、縮小（Minimization）、接受（Acceptance）、適應（Adaptation）。

跨文化發展光譜的工具是奠基及改寫自「跨文化敏感度發展模式」（Development Model for Intercultural Sensitivity, DMIS, Bennett 1986, 1993, 2004），並由米區‧韓默所發展而來（2011）。其間的五種心態如下：

否定：這個階段所反映的是，在價值、信仰、感知、情緒反應與行為上了解和適切回應文化差異的本領較為有限。它的特色是不感興趣，或是在某些情況下迴避其他的文化。

極化：極化是從「我們對比他們」的角度來看待文化差異的評斷式心態，特色是防衛（Defense，自己的文化比別人的好）或翻轉（Reversal，自己的文化比別人的差）。

縮小：縮小是種過渡心態，一邊是比較單一文化取向的否定和極化，一邊是比較跨文化／全球世界觀的接受和適應。在人的相似性（Similarity，如基本需求）和普遍性（Universalism，普遍價值與原則）上，主流文化多半都會凸顯出它的共通性，而可能掩蓋掉對文化差異較深層的理解。

對非主流文化的成員來說，縮小則是駕馭主流文化作為（也就是曲意順從）的策略。

接受：個人體認到並欣賞文化差異的形態，以及本身和其他文化的共通性。

適應：適應是種跨文化心態，特色是個人不僅能轉換本身的文化觀點，還學會了以在文化上適切的方式來調適行為，以更有效地應對其他的文化社群。

讓我們實際來看看你的領導吧。以下描述了各位可能會具備的四種管理風格。各位邊看邊試著去誠實評估，在邁向通曉型領導人的路途上，自己走到了什麼地方：

風格一：傻眼的經理人

跟有別於自己的人共事使你感到不自在，而且／或者你跟他們互動的經驗可能有限。你或許不曉得自己和部屬之間存在著權力距離所形成的鴻溝，所以當事情並非總是照著自己的預期發展時，你就會傻眼。因此多半來說，你甚至沒有注意到自己缺乏縮短鴻溝的能力。你固守著自己所知道的概況，而不觸及任何非必要的議題。對你來說，「沒有消息就是好消息」；假如別人沒有抱怨你或你的管理風格，那你一定是做得中規中矩。當差異直接引發衝突時，你或許會試著完全避而不談。

風格二：看不順眼的經理人

你發現交際方式與你不同的人很礙眼，或是覺得事情有更好的做法。你或許覺得女性工程師沒辦法像男性工程師那麼明快和有邏輯，或是很氣 Y 世代老是在傳簡訊，並認為這些年輕人可以學學用面對面的老派方式來跟別人交際。你會忍受一些差異，可是在緊要關頭時，你知道自己的做事方法才正確。你期望所屬團隊能順應你的風格。

風格三：黃金律的經理人

多元性的訓練和過往的經驗讓你學習到，給每個人同樣的待遇八成最安全。人的外在或許彼此各異，但畢竟大家都是人。你相信差異應該要淡化，而且就職場上的互動來說，它根本無關緊要。你強調「公平待遇」，也相信假如你以同理心待人，大部分的人都會正面回應。你或許

在潛意識中會用自己的經驗和立場來建立人員管理的「通用範本」。

風格四：通曉型領導人

你接受各種文化、性別和世代上的潛在差異並感到好奇。你不會訴諸刻板印象來評斷這些差異，而會在個人的層次上開始去探究及欣賞差異。你會用這些知識來幫忙矯正負面的行為，讓員工在更深的層次上發揮出積極的技能與才華，並且更全面地去激勵他們。你能跨越權力鴻溝來磨合，以更有效地應對部屬。你會冒險派跟你不一樣的人去參與高能見度的案子，即使那個人可能並未經過測試。你重視他們的意見，並且會設法提升自己在工作上跨越這些差異的能力。

「出於尊重的打探」是通曉型領導人的註冊商標之一，在印刷業的一位副總裁「克莉絲汀」就做到了這點。「即使我們的團隊一週才開一次會，我們的會計師蘿莎卻是從來不發一語。」克莉絲汀表示。「在開這些會的時候，團隊裡的其他人都會主動提出自己的想法和問題。但蘿莎似乎不太敢發言，即使她的書面報告一向很出色。結果就是別人都認為她不稱職，甚至是不用心。在多次的同儕審查把蘿莎評為表現低落後，儘管她的工作成績很出色，克莉絲汀決定要加以深究。克莉絲汀找了蘿莎去吃午餐，並問她為什麼在開會時這麼沉默。

對於克莉絲汀為什麼會提問，起初蘿莎似乎不知所措。最後她開口說，她是在墨西哥長大和求學。在那樣的文化中，讓上司來說話才表示尊重。由於每週的會議常常是由克莉絲汀主持，因此蘿莎覺得自己沒有插話的餘地。

不過，克莉絲汀解釋說，美國的經理人會期待團隊成員有話就說，無論是在什麼場合。在克莉絲汀的鼓勵下，蘿莎逐漸開始發表自己的看

法，後來才得以使一項新創事業免於超出預算。克莉絲汀也體認到，蘿莎對上司的尊重使她能用心傾聽，並「吸收到」比較有經驗的人所提供的智慧與知識。蘿莎學得很快，經過一些輔導後，她就懂得善用本身的尊重價值來和所有的同事建立穩固的關係。

克莉絲汀並沒有任由蘿莎自生自滅，或是對蘿莎的缺乏參與賦予錯誤的動機，而是去深究蘿莎的不同風格，以便把員工導向更成功的行為，並幫助她培養必要的技能。

第
2
章

管理權力鴻溝

只靠自己一個人，我們能做到的只有這麼多。

我們受本身的能力所限。但要是能集眾人之力，

我們就不會面臨這樣的侷限。

我們擁有不可思議的本領來激盪出不同的想法。

這些不同可提供創新、進步與理解的種子。

——史考特・佩吉（Scott Page），《差異》（The Difference）

每週的進度會議都令「吉姆」感到挫折。首先，儘管他喜歡在週一大早聽取進度，但他還是把會議移到了中午，以便讓「保羅」靠視訊通話在合理的時段「出席」。但真正令吉姆不解的是「米莎」。她一直在接新的案子和客戶，卻不按時通報結果。在進度會議中，吉姆故意讓大夥兒的工作量大到沒人受得了。「馬克」很快就笑著說：「我手邊的事夠多了！」但米莎卻完全不推託。他在清晨兩點時收到了她的電子郵件，比截止期限晚了一點，但不管他要求做什麼，她都欣然接受。當他們直接從學校裡把她徵聘進來時，米莎儼然就像是個十足的神童。如今吉姆不禁開始懷疑，自己是不是犯下了昂貴的錯誤。她儼然就像是企圖在其他同事面前賣弄，而不把公司放在眼裡。

　　當吉姆找米莎來開會時，除了黑莓機和一杯咖啡，他還帶了很多東西到場。他帶上了自己在全球公司二十三年的經驗，還有分量十足的意見。大夥兒一聊起吉姆，沒有人會提到他是哪裡人（是俄亥俄嗎？），反而會談起他的觀念。吉姆是個和藹可親的人，但對於他以強悍的手段爬到目前的職位，他們還是會暗中竊竊私語。吉姆還算是個傳奇人物。他對獲勝無比渴望，對所屬團隊也要求甚高。事實上，在米莎那個年紀，吉姆對每個案子與客戶都是能接就接，一週要忙八十個小時，所以才能得到老闆賞識。

　　在同事面前，吉姆都稱米莎是「那個聰明靈俐的孩子」，並且是他們在一片競爭當中所延攬而來。他知道她的父母還住在印度，但米莎來念大學以後就住在美國。她說得一口流利的英語，寫的東西比他一些美國的團隊成員還好。不過，他對她的情況了解得並不多。在會議中，大夥兒在談論吉姆最喜歡的暖場話題政治或運動時，她從來不加入。但他聽說，她在和另一位同事閒聊時，曾因為 YouTube 上的某段影片而發笑。他從來都不太確定，她是故意不正眼看他，還是因為她老是用手機在傳

簡訊、滑來滑去,或做些有的沒的,連在開會時也是!吉姆很欣賞她從來不推案子。事實上,她總是笑笑地答應把它攬下來。但假如她的負擔過重,她為什麼不直說?

吉姆和米莎之間的情況就是我們所謂的**權力鴻溝**。

辨別權力鴻溝

在前一章裡,我們談到了經理人和員工在風格、感知和文化價值上的差異。權力鴻溝是把個人與具有權威地位的人分隔開來的社會距離,無論是在正式還是比較非正式的結構中。

在正式的組織科層中,我們可能會體認到副總裁和資淺同仁之間的社會距離。但為了討論起見,我們想要把少數和主流文化加以額外區分,因為在這些組織中,比較貼近少數文化的人或許常常得不到那麼大的發言權。

一般的看法會認為,包括多元文化勞工、比較資淺的人,或者也還包括年輕的基層團隊成員等,這些主流文化的異數應該要努力在風格、價值和溝通上配合經理人,並對能縮短權力鴻溝感到振奮,亦即他們應該要融入組織的既有文化,以「迎合」群體。

不過,我們在本身的工作中注意到,一般的看法可能不對,而且或許並非總是管用。我們在本書中選擇探討的是多元、性別和世代群體,因為**這些人是已經被全球各地的組織形容為最常感受到的異數**(雖然肯定還有別類人),他們並且在與日俱增的權力鴻溝下與經理人漸行漸遠。我們已經看到,同樣的動態一而再、再而三地重演,因為經理人對不同群體的獨特觀點缺乏了解,使得雙方都感到挫折。

在檢視與這三個群體有關的權力鴻溝動態時,我們也注意到存在於光譜兩端的管理和溝通風格會有所助益。科層式管理風格仰賴標準化的

科層式風格

體系，重視高度控制，並期待把其他人整合到固有的體系或秩序中。權威人士受到高度服膺，決策普遍是由上而下。科層式管理風格約略反映了傳統企業的公司結構。雖然跟印度或中國之類的文化比起來，美國不算是非常科層，但美國的企業生態其實還是支持相當傳統的科層式管理風格。有許多公司還是以非常定向及由上而下的方式運作。職位最高的人擁有最大的權力來決定事情，並為公司應有的觀感和運作方式來定調。

就歷史上來說，性別和年齡與這些結構的互動之道是，女性和較年輕的勞工在由上而下的組織中比較無足輕重，而且雙方都心知肚明。過去幾十年來，這點已稍有改變，並繼續在轉型和演進。例如較年輕的勞工如今多半對科層模式敬謝不敏，而偏好比較平等式的環境，即使所服務的公司是屬於科層式結構也一樣。女性的大學畢業生如今已多過男性，甚至可以為國出征。在對女性授權方面雖然還有進步的空間，但美國的文化號稱能在職場上做到充分的平等。

平等式管理風格是以平等主義的論點為根基，這個名詞是源自法文中的「平等」（egal）。一般來說，在扁平式的組織環境中，勞工或能分享到相當平等的決策權。比較偏向平等風格的經理人會設法把自己和團隊成員之間的權力鴻溝盡量縮短。在組織裡，有些領導人在科層式的環境中比較自在；亦即該科層內的結構讓他們覺得自在。有的經理人所展現出的倫理則平等得多。即使就技術上來說，他們所擁有的權力、權威或決策權在形式上大過組織裡的其他同事，但他們對待各層級員工的方式可能都一樣。

　　同樣地，對於向經理人提問以及以比較不拘形式地和對方互動，平等式的員工可能會覺得自在，比較科層式的員工則可能會等著經理人指派工作，並與經理人保持安全距離。大家都說 Y 世代對平等模式趨之若鶩，但來自科層文化的多元文化人士可能會認為同樣的模式令人困惑，

平等式風格

甚至是不尊重。關鍵在於要知道本身的個人偏好，並能對周遭人員的偏好有正確的判斷。

權力鴻溝是如何體現在所屬團隊中

以權力鴻溝來說，你的文化或背景愈科層，權力鴻溝往往就愈大，這是因為科層文化會強化經理人和員工之間的差異。假如你的科層傾向多半比較強，那你多半會把擁有權威地位的人擺在較高的層級，並對該身分或地位比較尊重，甚至是跟掌握它的人脫勾來看。假如你偏好科層，就會把距離當成好事。經理人不適合跟部屬太熟。結果就是，任何既存的權力鴻溝都會被這層鏡片放大。權力鴻溝擴大會導致溝通減少，以及誤解和衝突增加，並可能在建立重大的事業和生涯關係上錯失良機。

職場上的權力鴻溝是長成什麼樣子？以下有更多的一些例子顯示，勞工在組織的權力鴻溝中被困在錯誤的一邊。這些勞工原本會是公司的巨大資產，卻遭到了誤解和低估。當通曉型領導人能把他們發掘出來，並懂得縮短彼此的權力鴻溝時，就能善用多元人才來使公司的盈餘和勞工的生涯受益。拒絕與時俱進的經理人則等著失去關鍵的人才與市占率。

1. **吉娜是一家汽車大廠的行銷主管**，她常常列席全都是男性工程人員的設計會議。在開會時，她針對能吸引女性的汽車配備提了幾點建議。她還要他們在設計流程中加入一個新的步驟：把從女性焦點團體所得到的資訊納入考慮。副總裁卻認為，現有的體系好得很。畢竟長年運作下來，這套模式都沒有出過差錯。他謝謝吉娜的建議，但壓根就沒有把它當回事。

　　損失為何：吉娜對於女性這個至關重要的人口群是如何形成購買決定的觀點；使顧客覺得認同產品設計的兼容感。吉娜覺得在團隊中遭到

了貶抑。

縮短權力鴻溝使她的主管能得到的好處： 新的創新手法。對買主要求和需求的新見解。傾聽顧客的具體建言所得到的競爭助力。

不容否認的是，全世界的每種文化幾乎都是根植在特定的歷史上。假如你是從原本就比較不重視、甚至是輕視女性的家長式架構起步，那職場上的這種觀念就要大費周章才改得了。雖然從 1960 年代以來，這個國家改了很多，但我們絕對還沒完全擺脫這種遺俗。除了容易受到揮之不去的輕視觀念影響外，女性還會年紀輕輕就被社會化成去聽從指令與展現殷勤。她們會因為這些「好學生」的行為而受到獎勵，但其中有些行為可能和高風險、高獎勵的企業環境所期望的某些特性有所扞格。研究似乎日益顯示，男女的溝通方式天生就有所不同。**由於女性在職場上已有相當大的具體進展，因此談論男女之間的權力鴻溝會令人非常不自在。大家都不想凸顯男女之間的差異，而想要指出相似之處。** 但這會掩蓋掉差異，並淡化一件事實：在大部分的會議室裡，主流溝通模式基本上還是很「男性化」。也難怪在性別的界線上，誤解會不斷發生。

2. **二十三歲的約翰剛從大學畢業，** 而且做事很拚。他已繳出亮眼的成績，而且不斷在爭取國際外派。但在大多數的日子裡，他都是五點一到就閃人。

他在一家非營利的新創機構擔任董事，目的是為市內的弱勢中學生提供課後輔導。約翰最近上班都遲到，而且並沒有拿起電話打給他的經理，而是在發簡訊。事實上，約翰似乎花了一大堆時間在滑他的iPhone，而沒有外出去跟客戶面對面建立關係。沒有人對他的這種行為引以為忤，並認為小朋友都嘛是這個樣子。但也沒有人讓他加快實現從應聘以來就表示要爭取的國際外派。假如他在美國都不能親自與人建立

關係，那他在別的文化中要怎麼成功？

損失為何：有機會讓約翰展現活力與團隊精神，把它向外擴展到客戶關係中，並把觸角延伸到更廣大的社群裡。約翰覺得有志難伸，而變得愈來愈無心。

縮短權力鴻溝使他的主管能得到的好處：約翰能配合截止期限而做到全天無休。當案子令他感到興奮時，他就會全力以赴，而且不用規定或限制，他就能配合同儕來執行。額外的加分是，他能利用科技與社交圈的人脈把新產品的消息散布出去。

隨著公司歡迎人數日增的 Y 世代進入職場，我們又遇到了另一個「痛」處。在科層式文化中，年資會受到尊重，而且就傳統上來說，年齡就等於經驗。你愈年長，在組織中就愈受敬重。但千禧世代平日所見的情況卻常使他們感到挫折。他們渴望的是較為扁平的組織，不同的部門可以自發性地同心協力來解決企業的問題。他們所展現出的決策比較靈活，並有能力使用新科技和新的通訊系統來改變企業的經營方式。當新人的期待衝撞到嬰兒潮世代老闆的傳統心態時，這就是經常可以看到的情形。「按部就班」的經理人可能會受不了 Y 世代的員工期望帶來重大而有意義的貢獻，甚至是還在職涯的早期。新世代期望一輩子能擔任好幾種生涯職位，而且有可能是在不同的公司。**他們所期待的責任或許會超出他們的經驗度。他們想要快速升遷，而在遭到打壓並被告知因為「規矩就是這樣」**，所以等輪到他們再說時，他們就會變得很挫折。

3. **賈斯汀是第二代的華裔美國人和企管碩士**，工作是資深理財分析師。

他發現公司裡鬥得很凶，每個人都用盡心機要贏得資深副總裁的好感。「雖然我是在美國長大，但我是在非常傳統的華人家庭裡長大。我們被鼓勵要閉上嘴巴，絕對不要質疑權威。」他說。在賈斯汀（和其他

無數）的文化中，晚輩要服從長輩，就算這些長輩有時候錯了也一樣。對這些員工來說，不多嘴就代表對老闆表示服從。

損失為何：賈斯汀是一等一的分析師。假如他覺得不受肯定，他就會離開。

縮短權力鴻溝使他的主管能得到的好處：賈斯汀的二元文化資產；語言能力和更廣泛、未經發掘的外在人脈，包括他的家人在亞洲的關係。

多元文化勞工被期待要為了出人頭地而去推銷自己的成就，晃到老闆的辦公室去串門子或鼓吹某個想法時，可能會發現自己完全抵觸了本身在尊重和權威方面根深柢固的價值體系。結果就是經理人不滿意，員工不知所措，溝通逐步瓦解。

讓我們把這一切在心裡存個底。我們回頭來看吉姆和米莎的情況，以及存在於他們之間的權力鴻溝。這兩人之間有著年資、文化、性別和世代價值上的不對等和差異，還有著明顯的正式科層。吉姆享有優勢，因為他的定位相當符合全球公司的主流文化規範和傳統的美國企業文化。由於吉姆不承認所屬團隊中的差異，所以他無法體認到米莎從女性千禧世代南亞移民的生活經驗中所承襲而來的不同價值和假定，也無法理解彼此在價值和經驗上的差異會如何影響她在職場上的行事作風。

各位會發現，在評估米莎「問題行為」背後的動機時，吉姆是先入為主地用本身過去的行為來引申出他的假定。他並沒有考慮到她的觀點，而是假定她攬下太多一定是為了讓他刮目相看並出人頭地，就跟他在當低階主管時一樣。吉姆雖然欣賞這份膽識，可是坦白說，他也很頭痛她的好強精神影響了團隊的表現。吉姆無法拉近彼此之間的權力鴻溝，並深究米莎太常說好的背後原因，使兩人都受到了影響。而且在管理多元文化人士或不同性別或世代的團隊成員上，吉姆肯定不是無力化解權力

鴻溝的特例。有危險會失去熟練員工和現有顧客的不只是吉姆。假如你不把團隊內部的權力鴻溝拉近，可能也會在顧客身上失去新的市場機會（本書第二部會詳述這點）。

　　或許各位已經覺得想幫吉姆說句話。把自己應付不了的工作給攬下來的人是米莎，那我們為什麼會說需要改變的是吉姆？在解決之道中，米莎肯定有她的角色要扮演，但經理人多半不想努力來縮短鴻溝。畢竟在許多情況下，鴻溝都是為了拉抬經理人的地位。社會距離有時會被當作是在認可權威或尊重。可是當經理人選擇縮短鴻溝並與員工折衝時，他們並不是在把權威或尊重拱手讓人。縮短權力鴻溝並不需要使領導人變得比較軟弱；事實上，它會有相反的效果，能在以前只有衝突和表現不佳的地方建立起信賴與溝通。我們發現，能磨合各種思考與溝通方式的領導人整體來說更受尊重也更稱職，因為他們能以獨特的方式發揮出每個人的潛能。

當經理人選擇縮短鴻溝並與員工折衝時，他們並不是在把權威或尊重拱手讓人。縮短權力鴻溝並不需要使領導人變得比較軟弱；事實上，它會有相反的效果，能在以前只有衝突和表現不佳的地方建立起信賴與溝通。

　　例如在吉姆職位上的通曉型領導人會去深究米莎的行為，**既不帶著任何先入為主的觀念或判斷，也不以本身的經歷為標準**。所存在的問題是，米莎的工作堆積如山，然後錯過了截止期限，可是這樣的解決之道還不算明確。假如吉姆能承認並深究彼此之間的差異與距離，他或許會發現新的或意料之外的情況，接著就可以設法加以善用，以便使團隊受益。這個過程就是我們所謂的管理灌力鴻溝。對通曉型領導人至關重要的是，你在管理人員的思考方式上要有所創新，並重新思索本身在管理

有別於自己的人員上必須採取的行動。對現今多元化團隊的經理人來說，這代表要直接採取行動來評估並深究自己和所屬團隊成員之間的權力鴻溝。一如我們在賈斯汀、吉娜和約翰的身上所看到，管理權力鴻溝不但可以修正有害的行為，還能發掘出未經開發的技能與遭到埋沒的潛力。

在這種情況下，通曉型領導人可能就會去打聽，米莎以超乎常人的意願攬下更多的工作所為何來，連她明顯負擔過重了也不例外，並發現假如上司要求她把工作攬下來，米莎從來都不覺得能像馬克那樣自在地說出「我手邊的事夠多了！」。假如經理需要有人把案子接下來，她會覺得幫忙解決是在盡自己的本分。吉姆和米莎是用兩套不同的規則在玩同一場遊戲。吉姆的戰術是讓它堆積如山，並指望撐到極限的團隊成員會說「夠多了」。米莎選擇攬下更多的工作並不是要向同事賣弄，她接下沒有其他人自願做的工作是因為不想讓吉姆失望，即使自己已焦頭爛額。

對於發掘米莎行為背後的真正動機，我們停下來想一想它的影響所及。吉姆對米莎的感受可能會大為改觀。她並不是故意要害團隊，她願意做得比其他任何人多是為了達成吉姆的心願！實際了解她為什麼會這麼做之後，吉姆在與米莎共事時，就能以比較有概念的方式來管理她該接下多少工作，甚至是把份量重新分配。他就能跟她溝通說，她只需要接下足夠的工作就算成功，並展現出她的高超技巧。到最後，行為還是需要改變，當自己忙不過來時，米莎就要向吉姆報告。管理權力鴻溝是為了讓經理人和員工增進信賴並改善溝通，以共同找出有益的解決之道。吉姆還是米莎的老闆，他還是受到她尊重（或許還會有增無減），而且現在他可能同樣會得到他向來要她達到的結果。

我們看到了這些似曾相識的局面一而再、再而三地上演。「羅勃」是一家大型保險公司的資深副總裁，他回憶起自己是如何想方設法引導

新來的一位拉丁裔經理，好讓她的知識在會議中得到更充分的發揮：

> 我發現組織裡有個相對的新人是從別家公司來的經理。有一次在
> 開進度會議時，我注意到她非常沉默。可是我手上有不少她的相
> 關資料，對她的重要背景與技能也有一定的了解。於是在她仍舊
> 沉默了好一陣子後，我便請她過來並對她說：「就我的了解，你
> 在之前的工作中有過這種經驗。從這點來看，你似乎能對我們目
> 前的經營問題有一定的了解。」在我肯定了她的專長，並對她說
> 我們需要她幫忙後，她就成了我們的重大資產！這幫助了她發展
> 並成為公司裡的專家。

最近，我們舉行了由我們首創的「文化通曉度」圓桌研討會，焦點
是在新英格蘭一家大型通訊公司裡領導標準的多元文化團隊。透過講習
前的團體跨文化發展量表結果，我們得知該團隊是處在文化才能的縮小
階段。在午餐時間，一家大型通訊公司的資深副總裁跑來找我們閒聊。
在講習時，他坐在那裡聽取所有的資訊，並沒有發表太多的意見。此時
他帶著恍然大悟的表情描述了自己的頓悟時刻：

> 我們公司被視為多元的模範，是家會善用多元來提升業績的頂尖
> 公司。在過去十年的多元化訓練中，我學到了什麼該說、什麼不
> 該說，最重要的是，不管背景而以同樣的方式來對待每個人有多
> 要緊。這種管理風格過去對我一直很管用。可是你們一解釋權力
> 鴻溝是如何形成，以及不妨調整自己的風格來更有效地與我們的
> 亞裔經理溝通時，我才明白這跟我以往的習慣做法有多明顯的衝
> 突。我也才終於意識到，那位經理的成績為什麼會遠遠不如預

期。

　　該怎麼讓企業領導人了解到「管理權力鴻溝」有多重要？簡單的答案是，假如你打算永續經營，它就必須是你的其中一個首要之務。在「新時代領導」這場影響深遠的遊戲中，了解權力鴻溝的面向是你必備的求生技能。

　　在檢視要如何「拉近差異」上，經理人往往並不認為自己應該必須要付出一絲一毫的努力來採取主動的角色。各位還記得，對於必須調整開會時間來配合部屬的不同時區，吉姆就覺得有點麻煩。在思索他和米莎的問題時，吉姆很納悶她為什麼不來找他說，自己應付不過來。但他並沒有採取重要的下一步，也就是找她來深談這個問題。在各位逐步邁向通曉的路途中，我們鼓勵各位把心態從過去出於畏懼和逃避衝突的模式中扭轉過來，並發揮通曉型領導人的好奇心和主動性來深究美國的新職場。在她重新架構多元政策的論文中（引自 Nobel 2011），哈佛商學院教授拉克希米・拉馬拉詹（Lakshmi Ramarajan）要領導人把多元化員工的直接參與重新架構為「增進關係」的手段，或是為了「建立方式來讓人公開溝通」，並把經理人在拉近權力鴻溝上的努力重新界定為團隊進步與成長的重要步驟。

　　雇用多元團隊然後就希望得到最好的結果，這並不可行。如此一來，在組織內部逐級往上爬或充分發揮所長時，女性、多元文化員工和較年輕世代的勞工就得不到所需要的妥善管理。經理人所扮演的角色要主動得多，包括檢視本身在這些差異上的互動方式，以及給予這些人更有力的帶領和指導，好讓他們充分發揮所長來善用多元性，並使公司從中受益。假如我們能充分了解權力鴻溝的動態，並努力培養通曉型領導的技能，我們就能做到這點。

文化與溝通：

跨風格磨合

怎麼想就怎麼說，怎麼說就怎麼想。

——**美國諺語**

會咬人的狗不叫，會叫的狗不咬人。

——**中國諺語**

不要拐彎抹角。

——**愛沙尼亞諺語**

本章一開始這些諺語說得一針見血。人在建立信賴、互相交際以及溝通本身的需求和期待時，所採用的風格與方式不計其數。我們發現，把社會心理學和人類學的見解應用到商場上會有所幫助。這個觀念是指，我們的溝通風格可能會跟同事有所不同。我們所借用的風格和面向是來自各方文化人類學家的研究，像是愛德華・霍爾（Edward Hall）和吉爾特・霍夫斯塔德（Geert Hofstede），他們找出了不同的文化群體所呈現出來的可辨識形態與特性。了解溝通上的差異應該會讓各位有新的理解和新的詞彙來描述在職場上所碰到的個人差異，使各位能以不會威脅到雙方又會有成果的方式來因應不同的看法。在邁向磨合時，經理人的第一步是要學會透過這層鏡片來辨別及檢視員工的不同風格與偏好。假如這點成功了，我們就能超越成見與刻板印象來看待差異的本質：就是另一種在世上的生存之道。

除了根據他們自身的風格來應對部屬和同事，你還應該要分析自己的互動偏好：你是群體思考者還是個人決策者？你在為工作論功行賞時，看的是自己所達到的結果，還是比較看重團隊一起完成的事？當你必須對同事提出逆耳的建言時，你會開門見山地告訴他們，還是會試著婉言以對？你算是外放，還是感情比較內斂？如果想要磨合自己所偏好的風格，以確保自己的話有人會聽，並提高獲致理想結果的機會，這種自省就至關重要。

在開始更全盤地了解這些面向前，我們想要向各位介紹一個差異的新詞彙。我們在往下定義這些用語時，會以二分法來呈現，例如某人的溝通風格可以說不是直接就是間接，或者以決策來說則是比較個人主義或集體主義。你或許會體認到組織裡有人是屬於光譜上的某個極端，或者你或許會察覺到有些人所採用的風格是依情境而異（例如有人在溝通

時可能對上司比較間接，但對別人就非常直接）。有的人則是屬於靠中間的地方。在練習磨合領導力時，了解每個人在風格上的細微差別對各位的能力會有所助益，而且隨著練習與時間的推移，各位會變得更善於體認到差異。溝通方式並沒有哪一種才是對或錯，但各位很可能已經經歷過的是，組織中的個別領導人對於特定的互動風格表現出強烈的偏好。

　　以下是本章會探討的一些風格偏好。我們會解釋大家或許並不熟悉的溝通模式以及它的相關假定，然後舉出例子和技巧來說明，要怎麼在下列的風格、偏好和行為上沿著光譜來拉近鴻溝：

- 直接 vs. 間接溝通
- 外放 vs. 內斂
- 任務取向 vs. 關係式的信任建立
- 個人主義 vs. 集體主義的行為
- 低度情境 vs. 高度情境的文化

直接溝通的優點

　　採用直接溝通的風格是大多數美式組織所能接受的規範。整體來説，美式文化比間接型的文化願意面對困難的情況、正面攤牌，並把問題端上台面。直接溝通者期待自己不管説了什麼話，都能把心意完整表達出來。所以當他們被風格比較婉轉的同仁、就像是「卡姆蘭」這樣的人搞得頭昏腦脹時，這一點都不令人意外。

直接 vs. 間接的光譜

卡姆蘭是第二代巴基斯坦裔的美國人，他正努力讓一款新的軟體上市。卡姆蘭恰巧是個比較間接的溝通者。在他的文化中，比較重要的是不斷埋首靠自己來解決問題，而不要去質疑老闆。卡姆蘭可能會向同事暗示自己吃不消，並說：「工作比我預期的要多。」但他從來不會走進老闆的辦公室，坦承自己應付不過來。這要如何收場？

在最後一刻，卡姆蘭的程式出了差錯。他並沒有向經理報告，反而等於是住進了辦公室，全天無休地工作，以排除產品的錯誤。他整個週末都在工作，到週一結束時告一段落，卻發現還是趕不上出貨日期，使案子大受延宕。此時卡姆蘭正拿著辭呈坐在你的辦公室裡聽候發落，看自己的飯碗還保不保得住。身為他的上司，你會怎麼起頭？

一般來說，美國的經理人和領導人在風格上的確比其他文化的人要來得直接，但個人其實是沿著光譜分布，甚至能在生涯的不同時刻轉換。假如你多半偏好直接溝通，那你就會偏好話直說，並期待別人以類似的方式向你說明本身的需求。假如直接溝通的經理人相信員工在案子上遇到了困難，她大概就會像這樣找他說：「卡姆蘭，來我辦公室一下。我要跟你談談你在做的案子。」

間接溝通者可能會仰賴其他的信號、手勢、代碼、甚至是第三者來傳達本身的意思，並靠接收者來解讀他們的意思，以及了解他們想要說什麼。假如你偏好的是間接，你可能會向別人暗示自己對問題的感覺，而不直截了當地說出自己的意向。要注意的重點是，間接溝通者並不等於消極反抗或迴避衝突的人。消極反抗和迴避的溝通者是根本就不主動處理問題的人。當訊息實際上是透過其他各種方式間接傳達出來時，大家可能就會誤以為某個同仁在消極反抗或迴避。在偏好直接訊息的文化中，大家多半不信賴間接溝通者，並認為他們太難以捉摸，或是在故意耍詐，甚至是操控局面。不過，我們應該要切記，大部分的間接溝通者

就跟直接溝通者一樣，想要把訊息表明清楚，只是所用的風格不同。

間接溝通風格的好處

間接溝通者不會像直接溝通者那樣要員工進辦公室，並針對案子的問題來問他。他們反而可能會請卡姆蘭有空時去一趟辦公室，好讓她可以就某件事來聽取他的建言。

「有個情況跟你在做元件時所碰到的問題有點類似，我想要聽聽你的高見……在這種情況下，你覺得我該怎麼做？」假如你去解讀這段話，間接溝通者把話說得很清楚，她所約談的員工其實就是問題所在，而且她要他針對現有的問題自提解決之道。這種招數就跟「所以我這個朋友的問題就在於……」的「老梗」沒兩樣。各位可以看到，依照最讓員工感到自在的情境與風格，這兩種做法的其中一種可能會如何比較容易得到所要的結果：員工把元件的相關問題給擺平。

由於美國屬於非常心口如一的文化，因此當我們位於間接溝通的接收端時，我們就會覺得脫節。但實際上來說，間接的做法也可以是另一種非常有效的手段來以不同的方式表明訊息。

在商場上，有時候我們其實沒有自己所以為的那麼直接。事實上，領導教練可以用間接的做法來誘導大家思考情況，而不是讓他們直接面對特定的行為。它會鼓勵雙方在主動參與中去思考問題，而不是對別人說他做錯了事。人常常會陷在這第一步當中，也就是認為自己做錯了事，而沒有往下去改變並努力來塑造更合宜的行為。

在直接與間接溝通風格的對比上，工作範圍同時涵蓋中國和美國的優秀華裔營運資深經理「貝蒂」跟我們轉述過一個貼切的例子。貝蒂的老闆是北美的白人主管，在跟中國的最大客戶開一場非常重要的會議時，他指名由她來翻譯。在要她幫這個忙時，貝蒂的老闆忽略了一件事，那

就是在華人的文化中，擔任口譯會降低貝蒂在客戶眼中的地位。替老闆口譯會讓人覺得，她只是個口譯，而不是她所要擔任的有經驗權威人物。由於她是這家客戶的主要客戶關係經理，因此這樣的錯誤認知會有損她的公信力。

但貝蒂給老闆的說法卻不是如此。她本身根深柢固的文化價值絕不容許她向上司指出，他犯了顯而易見的錯誤。她只是告訴他說，在口譯這麼重要的工作上，她或許並不是適當的人選，於是他就替會議找了另一位口譯。行事間接的貝蒂則指望他知道，自己究竟在說什麼。而由於他是個通曉型領導人，因此對於她話中的意圖，他心知肚明。靠著這樣的因應之道，貝蒂便找到了方法照樣出席會議，又不用替老闆口譯。她替未來的客戶關係保住了自己的公信力，又不必去挑戰老闆的要求。通曉意謂著對於要怎麼直接和間接溝通都要有所了解，並視訊息的接收者還有情境而定。

直接溝通者或許會把本身的風格視為最開放與最誠實的做法。但間接是為了把話說得委婉與緩和，而這也有它的價值，因為焦點在於建立和維持關係。貝蒂間接化解了這個問題，因為她並不想挑戰老闆的判斷。但她把訊息傳達了出去，他也收到了，並達到了所要的結果。

像卡姆蘭和貝蒂這樣的人不在少數。間接溝通的文化不勝枚舉，而且研究顯示，美國的女性一般也偏好比較間接的溝通風格。在美國也有地區差異，像成長於東北部和南部的人就不一樣。

屬於間接類型的員工很可能比你以為的要多。假如你原本是直接型的美國經理人，又能精通間接溝通的藝術，那你就會培養出一項成為通曉型領導人的重要條件，同時更能拉近權力鴻溝，並與類型更廣泛的人有效合作。

婉言以對

在比較間接的溝通風格有其必要的多種情境下，「委婉」是很好用的工具。委婉的技巧能緩和訊息、要求或問題陳述的衝擊，有時還能讓原本的「提問」或是你所要談的人壓根不會出現在說話者的語言中。

以道歉這個言詞委婉的代表為例，喬治城大學教授暨語言學家黛博拉・泰南（Deborah Tannen）有大量的著作談到，她在男女公開溝通的方式上看到了明顯的差異，尤其是在職場上。她認為，風格不同很重要不僅是因為它能防止溝通不良，也是因為它會影響到說話者的技巧和能力所給人的感受。有一個常見的例子是，女性很習慣頻繁地說「對不起」，但她們這麼做其實多半不是在道歉。而且道歉不見得都是在表達有人犯了錯。

泰南發現，當對方做錯事、要東西或造成不便時，有時女性也會說「對不起」。在這種情況下，這些話是為了表明或讓人自動放心說，對方的舉動並沒有打擾到自己。來自不同文化的同事也可能會用「對不起」來表達在工作關係中維持和諧的意願。

不過，了解委婉的言詞要在什麼時候以及如何運用是很重要的事。泰南表示，女性概括而言比較間接、甚至表示歉意的風格會讓她們顯得比較缺乏自信與才能。太過委婉也會變得讓人討厭，或是看似矯情，尤其是對要你有話直說就好的直接溝通者來說。在這種情況下，間接溝通不見得都是適當的風格。

怎樣才算是適當的風格？在某些時候，比較間接也有其必要，例如當對方是間接溝通者時。文化和性別都是可能的因素。不管是在公開還是私下的場合，你都可以用委婉來幫別人保住顏面。你可以用它來避免顯得挑釁或冒犯，尤其是對於習慣直接挑戰你而比較難說上話的人。在和比較高層的人說話時，你可以用間接來表示尊重，或是展現禮貌與禮節。

當你有需要的時候，以下是幾個要怎麼緩和訊息並讓人把話聽進去的例子。

以發問的方式來要求：

直接：「在週五前把它做好。」

委婉：「你能在週五前把它做好嗎？」

附帶條件——希望、可以、也許、有時候、可能。

直接：「下班前把報告交給我。」

委婉：「假如可能的話，我很想及時拿到數據，並在今晚好好看一遍。」

把話藏在從屬子句裡。

直接：「我在這方面的學經歷比較強。我想要主導這件案子。」

委婉：「我在史丹福念企管碩士的時候，我們做過類似這樣的測試案例。」

　　對，這就好比是把青菜藏起來，這樣小朋友就會吃了。但假如他們把它吃進肚子裡，這不就對了嗎？

何時最適合直接？

　　暢銷作家葛拉威爾（Malcolm Gladwell）在他的著作《異數》（Outliers）中論證過，「可以避免的墜機卻照樣發生」就是肇因於委婉或緩和的言詞，無論是在機師與塔台的通話上，還是副機師在和層級較高的機師對話時，是靠服從和間接的言詞來「暗示」解決之道，因而釀成了明顯的緊急事件。

　　好吧，在比較直接的做法有其必要時使用委婉的言詞，結果就是慘絕人寰的墜機。但也有的時候是，拐彎抹角只會阻礙流程，而無法讓自己達到目標。假如你是間接溝通者，那你可能需要強化訊息的迫切性，好讓比

較直接的人聽到。緊急或迫切的情況常常需要釐清，像上述的例子就證明了這點。多注意別人是怎麼跟你溝通的。他們是直接溝通者嗎？假如你不以同樣的方式來回應，他們可能會感到惱怒或困擾。假如你發出一、兩次緩和的訊息卻似乎沒人明白，那比較直接的做法就有其必要了。

有時少了直接儼然會讓你顯得比較沒自信、不能幹，或是應付不了局面，在這樣的情況下，直接溝通就是必要之舉。在十分迫切或是有時間限制（例如案件的截止期限、會議的時間範圍）時，直接溝通也是必要之舉。直接表達可能就長得像以下這樣：

不含蓄的替代選擇。

委婉：「你跟蘇瑞許很熟。你能不能去跟他談談這件案子？他對截止期限有什麼想法？」

直接：「麻煩去跟蘇瑞許談談這件案子，否則我們會趕不上截止期限。」

去掉修飾語。

委婉：「假如你這星期有空的話，我們就上次那件任務來檢討一下你的流程。」

直接：「我們上週的目標沒有達到。明天早上麻煩配合我所規定的時間，我們要針對你上次的任務做事後檢討。」

不道歉。

委婉：「對不起，容我打擾一下，但我們在這點上會不會是完全搞錯了方向？」

直接：「我們的老做法不管用。假如我們要緊扣市場，我們就需要在這波文宣的新方向上有所創新。」

表達自己

　　十分外放的溝通者所具備的優點是，你一看就心裡有數。這些人要是不用手勢、笑容或生動的臉部表情，就沒辦法向你問時間。而且你會確切知道他們感覺如何。連在企業的情境中，外放的溝通者都能充分發揮。他們的聲調變化多端。來到極端時，外放的溝通者可能會大吼或拍桌（刻板印象中的「男性」反應），要不然就是掉淚、退縮或離開現場（刻板印象中的「女性」反應），以表示不滿或難堪。

　　在美式的情境中，外放的溝通者會發現一些認可和一些障礙。至於在外放的表情上，美式文化所能接受的是微笑，連在公開場合遇到陌生人時也一樣。不過，來自東歐的人可能會覺得這樣的表示不太尋常，甚至是可疑的行為。外放常被用來衡量對案件、產品或客戶的熱忱。同樣地，在是否滿意（或不滿意）績效或者看起來是否喜歡某個員工上，要解讀外放的老闆可能也很容易。而且這些反應可能會在不同的工作環境中受到重視。假如你是廣告公司的經理或業務主任，你的才能是以創意和團體報告的技巧來衡量，那你就必須活潑和外放，並表現出你很看好自家的產品。

外放 vs. 內斂的光譜

　　至於感情內斂的溝通者則不一樣。他們的溝通模式是著重於**把話說出來和強調事實**。在談判條件或應付客戶時，內斂的溝通風格所形成令人羨慕的「撲克臉」可能會有用。內斂的溝通者可能會有失公允地被評斷為冷酷或無情，但也可能會被認為比外放的溝通者要來得理性或有邏

輯。某些文化被認為比較外放，像是拉丁美洲的文化，或是法國和義大利人，有的則被視為內斂，包括一些亞洲文化，以及英國和德國人。男人整體來說偏向內斂，女人通常則被社會化成外放。

「布萊恩」是在亞洲受教育的韓裔美國人，在一家電信公司擔任經理一職前，他是個創業家。最早在一家美國公司任職時，布萊恩就察覺到，正眼直視別人會讓他不自在，所以他寧願在走廊上稍微點個頭，也不要跟主管說話。他很快就察覺到，在職場上，用肢體語言和形之於外的興奮來讓人放心有多重要。他之所以體會到這點，是因為上司告訴他，他需要表現得熱切一點。在聽到這對他的成功有多重要後，他就開始把熱情展現在自己所選擇的用字遣詞裡，以及在親身會面時用來表達想法的方式中。結果就是他的點子更容易受到接納，上司也把更大的案子交辦給他。

雖然布萊恩針對比較外放的風格來磨合的能力幫忙他加強了和領導階層的聯繫，但有時候真性情的行為過頭對事業卻是有害，而不是有益。通曉型的溝通者會見機行事來評估不同的情況和對象，以形成正確的決定。

和全球夥伴溝通

「艾里西歐」是一家美國消費用品公司的副總裁，坐鎮在布宜諾斯艾利斯的營業處。他即將升官，但執行長要他先成為更棒的全球領導人。我們應聘去指導在家鄉非常稱職的艾里西歐，並讓他準備好去跟美國、歐洲和亞洲的夥伴及部屬打交道。

一開始我們做了全方位的分析，訪談了幹部、同儕和高階經理人。我們請教了在線上與艾里西歐共事的墨西哥員工，以及其他在單位內跟他共事的人，所聽到的全都是正面的評語。他的部屬當然不敢說什麼壞

話，但我們從他的老闆以及加拿大同僚那裡所得到的印象卻有著天壤之別。艾里西歐有時候會板著一張臉，並扯開嗓門來發號施令，有時則讓人怕得不得了。故事都圍繞著他對工作人員大發脾氣，並跟他比賽大小聲。情況變得一目了然，他必須學習其他的管理手段，才能在目前的影響範圍外表現得更稱職。

基於他在布宜諾斯艾利斯的家族關係，以及他在公司內的職位，因此從來沒有人會去挑戰他。他也幫忙了公司成長，並帶領營業處在過去兩年內使營收翻了一倍。可是他是個標準剛愎自用的人。他口口聲聲地說要「兼聽，並擁有良好、同心協力的工作關係」，但他實際上並不像他自己所說的那麼有人緣。

在和北美、西歐、墨西哥和巴西的同事通電話時，他非常外放與熱情，但管理階層的某些人卻發現他很難搞。例如在美國，他的同僚預期他「照著制度走」會做得比較好，艾里西歐卻覺得那很難，反倒是他的地方營業處有辦法兩三下就落實他的想法。在跟艾里西歐會談時，我們指出他低估了不像他那麼能言善道與熱情的人。他認定他們對案子不用心，也沒那麼善於推銷自己或產品。

他的頓悟時刻是出現在我們解釋說，他是個十分外放的經理人。我們認為他有許多的新客戶和阿根廷以外的同事在風格上很可能是比較理性而務實。他也察覺到，在他目前所負責的其他地區，他張力十足的風格並不能讓人充分發揮所長。

艾里西歐是個非常有魅力又令人著迷的人。但假如事情沒有順著他的意思來做，他就會對同僚和部屬約法三章。當同事搞不清楚他的想法和做事的方法時，他就會失去耐性。我們告訴他，對於美國的同事，他必須去探詢他們的想法並聽取建言。他可能必須從提問而不是陳述做起。總之，他在本身的溝通風格上還有待努力。

該公司位在美國的總營業處有它自己的權力結構和自己的一套價值觀。艾里西歐在阿根廷已升到不能再升，假如他希望爭取到這次重大的升遷，他就必須磨合自己的做法。

信任是如何建立的？

與關係或任務取向的風格有關的面向是專指要怎麼和同仁、員工還有老闆建立信賴。以比較言簡意賅的角度來說，這可以用「**做人和做事**」之間的緊張關係來形容。你是在介紹過後就立刻直搗業務議題，還是在進展到業務關係前需要多培養關係才會覺得自在？一般來說，在建立信賴方面，美國人是非常地任務和結果取向。既有的關係並不是簽約或談成大買賣的必要條件：假如條件不錯，你又能滿足我的要求，那就正式定下來吧。信賴不言可喻，而且形成得很快。別的文化對關係則注重得多。有的人可能需要對你瞭若指掌，從你的家庭背景到你念的大學和整個生涯軌跡，他才敢在文件上簽字。

任務 vs. 關係的光譜

中文裡有個名詞叫做「關係」。這指的是你認識的人所具有的崇高性和重要性，包括人脈、家族、關聯和關係。在幫忙界定你在世上的地位以及你會得到什麼樣的待遇上，這全都很基本。在中國，除非你明白關係的重要性，以及要怎麼打通關係網，否則你就做不了生意。在結果取向的老闆看來，這像是浪費時間的事，但在相信不這麼做就得不到進展的員工眼中，這卻可能是布建人脈和建立關係的重要時間。反過來說，關係取向的經理人可能會覺得「做事」的員工不聽話或不禮貌，因為他

試圖要完成工作上的任務時，並沒有適度尊重企業文化。我們也看到它出現在性別差異上。男性經常被視為任務取向，在評估值不值得時所看的是結果；女性頗為看重的則是先靠建立關係來確立信賴，而且這麼做常常會得到不錯的結果。

在此要留意的重點是，**「做事」的人還是會在乎要建立關係，一如關係取向的人可能還是想要把生意給搞定。**這就牽涉到要怎麼建立信任，以及建立的基礎為何。在某些文化中，信任會建立得比較快，而且多半不言可喻；有的則是以你的身分而不是你所扮演的角色來做為信賴的基礎。這種信賴和關係有時必須經過漫長的時期才得以建立。

不同的世代以及文化是位在這個動態的不同端。Y世代的勞工經常被認定為具有濃厚的任務取向色彩，而不像老一輩的勞工會花時間在公司內樹立尊重，並建立重要的關係網。年輕一輩的勞工可能需要對公司文化中建立關係的層面有更充分的了解。你可以鼓勵正式參與，或是要他們放慢步調來對待需要多認識他們一點才會覺得自在的客戶。反過來說，你可以試著利用Y世代對於一步登天的意願和渴望來激發出這股幹勁。

把「做人」和「做事」的偏好分清楚不僅是在職場內至關重要，在因應國際的層次上也極為重要。印度和香港的團隊想要多跟美國的夥伴見面，並不是為了探討事證和數字或者研擬新案子，而只是為了要親臨現場。這就是他們認識你的方式，以及針對自己挑對了夥伴來增進信心的方式。美國的經理人偏好有效率的電話會議和電子郵件，所以往往無法建立情誼。假如覺得會面時間的需求得不到回應，亞洲的經理人甚至會把買賣喊停。

「A. B. 克魯茲」當過一家全球媒體公司的首席法律顧問，在美國海軍後備部隊擔任少將時，則是美國第四艦隊在加勒比海和中南美洲地區

服役的副指揮官。根據他的軍旅經驗，克魯茲表示：「對於其他的文化裡所具有的這段初探期，美國人不見得都懂。我們去到那裡，認為我們來這個國家其實只有一個目的，那就是完成我們的工作任務！而且我們帶上桌的個人層面其實並不多。我們抵達後，一進到該國的會議室裡就表明：『我們來這裡是為了什麼？咱們就好好來談這個議題吧！』我們的迫切感讓別的文化不自在。有些人想要對你有所了解，而不想談公事，尤其是在你登堂入室的時候。這些差異比我們美國經理人所以為的要重要。」在承平時期，他的海軍工作有很大一部分都是在培養信賴。「在拉丁美洲的作業有很多比較不屬於硬梆梆的軍事層面，而比較像是在建立關係。如此一來，假如有事情發生，那你就會知道要怎麼進行下去。」了解做人／做事的動態對克魯茲的工作至關重要。「在美國，我們把工作想成是真的要盡可能有效率。我在跟拉丁美洲國家的人相處時，他們卻不是如此。他們的『公事』多半是從晚餐和社交活動開始，因為他們其實想要跟你培養私人關係。」

我行我素的個人主義者

美式的特色可能莫過於個人主義。在這個文化面向中，你的價值是來自本身對社會或群體獨一無二和與眾不同的貢獻。一切靠自己，白手起家的典型故事。美國有很多故事都是源自於相信一個人可以創造自己的命運，而且能爬得多高就看你願意付出多少努力。在集體主義的文化中，認同是由身為群體的一份子來形成和界定。你自認屬於個人主義還是集體主義會影響到你如何行事與決定，並構成你在評斷自己和他人行為與行動時的標準。

一般而言，我們已經說過，美式文化很重個人主義，大部分的亞洲文化以及歐洲、拉丁美洲、中東和非洲的許多文化則多半比較集體主義。

個人主義		集體主義

個人主義 vs. 集體主義的光譜

這些地區的男性常被鼓勵去闖出自己的一片天，女性則普遍被社會化成要成為群體的一份子。例如在推動案子或想法前，女性可能會被鼓勵要去尋求共識，而不要單憑自己的力量一股腦地就展開工作。端賴公司和經理人的價值，這有可能被視為善於建立關係，並且是標準的公司職員該有的樣子；或者也可能被視為負面，因為那缺乏主動的精神。老一輩的世代多半會表現出較為集體主義的傾向，連在美國也是。而隨著商業環境轉變，這種價值也產生了變化。千禧世代對於個人主義也是趨之若鶩。對於年輕一輩的勞工可能會覺得是反官僚的常識或是考慮到工作與生活平衡的行為，他們的經理人可能會覺得是我行我素，甚至是偷懶。了解這些風格的差異是根植在文化、性別和世代中將有助於避免草率給予負面的判斷，並讓你適度地與他人磨合。

——

考量情境

　　高度和低度情境文化背後的理論指出，**在低度情境的文化中，雙方鮮少會想當然爾或有什麼假定。**

　　假如你的文化偏好為高度情境，你就會遵循許許多多的不成文規定。也是來自那種高度情境文化的人很容易就能了解，但其他人可能就會看得一頭霧水。這常常是生活在群體文化中的結果，關係和年齡、身分以及科層建立並界定了群體內的人際互動。實務上有一些高度情境文化的例子可能包括，靠非口語溝通把訊息傳達出去，像是肢體語言、聲調和互動的步調。

低度情境		高度情境

低度情境 vs. 高度情境的光譜

例如在日本，比較基層的勞工都知道，當執行長走進現場時，他們就會迴避。他們會基於尊敬而離開，並閃得愈遠愈好，以便對層級遠高於他們的領導人表示尊崇。他們會不敢跟執行長搭同一部電梯。沒有人會命令比較低階的勞工不准搭電梯，或示意要他離開現場，這純粹是種默契。假如這些不成文規定主導了誰能待在同一個空間，那各位就能想像在協商買賣或跟員工深談問題時可能會造成影響的各個面向，或者在不熟悉這些規定的人看來，此舉可能有多莫名其妙。

因此，如果要在高度情境的文化中妥善經營，那就一定要先辨別如何才能在那個文化中成為圈內人，這可能包括要長期跟別人培養比較深厚的關係，以便對不成文規定了然於胸。**對高度情境的偏好愈強，不成文規定就愈多！**

在低度情境的文化中，行為和信仰則是一目了然並有所界定。關係可能比較常是由任務和所採取的行動來界定，而不像高度情境的文化是靠微妙的關係。因此，較低度情境的文化會比較高度情境的文化要容易進入，因為關係比較容易在較短的期間內形成。

假如你去想一想，**完全低度情境的企業環境非常罕見，總是會有不成文規定。我們不但仰賴科層體系來掌管企業溝通，也被期待要解讀許多不同的信號**，包括肢體語言、談話對象的頭銜、辦公室的周遭情況、聲調，以從中推斷意涵。不過，有的文化比別的要偏向高度情境，像亞洲文化就明顯比美式文化要偏向高度情境。假如你的文化是既十分正式又十分科層，那你就可以確定，自己的經營環境是非常地高度情境。換

句話説，在這些情境中，新聞報導的典型提問全都適用——何地、什麼、為何、如何、何時，因為在定調和確保是照自己的意思來發出訊息時，它們每一個都有影響。

雖然美式的企業文化多半還是科層式，但美國有很多領導人和經理人都喜歡自認是低度情境。這也是美式合約會這麼一目了然和冗長的部分原因——因為完全沒有假定，所以一切都需要寫得明明白白。但連在美國，我們在閒聊時還是有一些不成文規定。像是晃到老闆的辦公室去聊聊職業運動的世界大賽或是家人和休假計畫，這在美國是受到心照不宣的鼓勵。這就是很多美國老闆在辦公室裡建立信賴和增進關係時所仰賴的那種日常戲謔橋段。但在世界各地為數眾多的國家裡，情況就不是如此了。在拉丁美洲的文化中工作時，假如你在管轄體系中屬於比較基層，那跟高層搏感情可能就會被認為不妥。在墨西哥的企業文化中，保持距離是對老闆表示尊重，也就是尊重權力鴻溝。需要找你時，他就會過來找你。所有的企業環境都有它所重視但或許並未直接要求的行為關鍵。

在檢視和詳查不同的偏好與風格時，要記得這沒有好壞之分，而是要不帶批判地接受差異。

我們期待各位應該要學著去欣賞和了解別人的互動方式，這並不是説各位就必須放棄自己所偏好的風格，完全廢除科層等級或明訂慣例，或是提倡一套無從取代的行為。事實上，通曉型領導人只會在工具箱裡增添手段和方法，以視情境來盡量達到最好的結果。

完全低度情境的企業環境非常罕見，總是會有不成文規定。我們不但仰賴科層體系來掌管企業溝通，也被期待要解讀許多不同的信號，包括肢體語言、談話對象的頭銜、辦公室的周遭情況、聲調，以從中推斷意涵。

記得要**開啟你的好奇心，並學習要怎麼磨合自己的風格，這會使你成為更優秀與更稱職的經理人和領導人**。說到底，它就是一面達到結果，一面顧及員工的尊嚴，並提高他們成功的機會。學習這些技巧也有助於你在更理想和更出於本能的層次上連結海外的夥伴、客戶和市場。假如你花時間去學習不同的文化面向，你就會擴大去思考和你共事的人在行為、動機和價值上的相關假設。

　　在接下來的幾章，我們會更深入去討論，要怎麼把你對這些面向的了解應用到日常職場的情況中，並磨合本身的管理風格。

通曉型領導人的輪廓

假如我們要愛鄰居，那在做其他任何事之前，就必須先看到鄰居。透過我們的想像和雙眼……我們必須看到的不只是他們的長相，還有長相背後和底下的生活。

——斐德烈·布赫納（Frederick Buechner），《暗處吹口哨》（Whistling in the Dark: A Doubter's Dictionary）

由於情勢不明加上經濟環境的成長較慢，因此現今的高階主管面臨了許多挑戰。領導人（執行長和第一次當上司的人都一樣）所面臨的最大一道障礙就在於，**要怎麼跟其他背景的人打交道**。你在每一步都必須問的問題是，我要怎麼界定和／或辨別自己的部門、單位和公司裡的每個層級存在著什麼鴻溝，而我又要怎麼樣把這個鴻溝給拉近。

要成為通曉型領導人的條件遠甚於只知道以最佳的方式來向團隊中的每個人請益，或是對部屬主動伸手而不是等他來找你。我們在全球舞台上做生意時，所說和所做的小事都會改變別人對我們的看法。在設法跨越文化、世代和性別的差異來建立更穩固的工作關係時，調適與通曉型領導人有辦法融合這些和其他的作為來排除既有的障礙。

我們發現，真正的通曉型領導人會固定展現出一套核心的信仰與心態來引導本身在職場和社群中的行動。連同刻意著重於改善本身的管理技巧，這些所具備的特性便構成了他們從所屬團隊身上得到可觀影響力、讚佩和尊重的基礎，有些則是來自客戶和供應商。

在針對通曉型領導人的核心特性來縮小範圍時，我們檢視了五、六種現有的領導模式和典範，但沒有看到一種合用的模式。例如在很多模式中，領導人展現出情緒智商是個重點。但人並非光是情緒成熟、展現出同理心，並能正確評斷別人和他們的情緒，就會是通曉型領導人。通曉型領導人或許也會展現出創新思考的本領，但他的風格中還有其他的層面是比創意和跳脫框架來思考更勝一籌。因此，針對我們覺得真正的通曉型領導人所具備的特徵以及領導信仰和行為，我們發展了新的組合來涵蓋整個範圍。在本章的尾聲，各位會看到對這些態度和信仰的討論，以及在評估和適應權力鴻溝上用來衡量本身是否通曉的工具。

磨合的藝術

除了研究通曉型領導人固有的信仰體系，探討他們是如何靠調適來適應權力鴻溝也很重要，而這套行為就是我們所謂的**磨合**。我們在談到通曉型領導人的磨合時，指的是你有能力轉換行為與風格，以更有效地和有別於你的人溝通。把磨合想成是「擴張」人際風格，或是「主動伸手」來跟別人折衝，這或許會有幫助。

為了做到這點，你必須從自己的身上找到可以連結同事的那個部分。你要能找到共通之處。這點可能有幾種不同的做法：

- 連結你們共有的特性、溝通形態或文化面向。
- 尋找共通的興趣，不管是你們共同喜愛的音樂、運動、藝術、母校，還是公司的宗旨。
- 找出共有的經驗。

明瞭自己的領導人都知道，如果別認定自己的做法是把事情做好的唯一方式，你就比較容易從別人的身上找到共通之處。他們也明白，要靠這份情誼才能欣賞及調和差異。在跨越權力鴻溝來磨合時，這是至關重要的一環。

拿磨合模式來比較其他一些既有的當紅領導模式，以凸顯出在成為通曉型領導人時，權力鴻溝所扮演的重要角色，這會有所幫助。對於「情境領導」（situational leadership）的觀念（這是由領導專家暨作家肯·布蘭查〔Ken Blanchard〕所推廣的名詞和觀念），各位可能已經很熟悉。在情境領導中，領導是依照所領導人員的成熟度來調適，而你跟他們互動的方式則有四種：**告知**（telling）、**推銷**（selling）、**參與**（participating）或**授權**（delegating）。在情境領導模式中，你對新人

可能會採用「告知」的做法，因為他們對組織不熟悉，需要非常一板一眼的直接管理。比較「參與」的做法則適用於在公司待比較久，對於在企業文化中執行案子也比較有經驗的人。

磨合概念的不同之處在於，**它鼓勵你去塑造自己的風格，透過文化、年齡、性別和其他差異而不只是年資的鏡片來看待差異，並辨別你們之間後續的權力鴻溝。**我們發現，除了年資和經驗，領導的文化情境也根源於個人從童年以來就深植在內心的固有訊息。來自其他文化經驗的人對於經理人可能會有不同的期待，畢竟對於同樣的管理和溝通風格，新進人員既不會全都有正面的表示或回應，也不會依照同一套價值和信仰來行動。要是忽略新進人員的細微差異，你可能會埋沒既有的天賦，或是錯失讓每個員工大展身手的機會。

跨鴻溝磨合的概念也不同於因性格類型而異的領導風格。例如「邁爾斯－布里格斯類型指標」（Myers-Briggs Type Indicator, MBTI）即是根據對心理測量問卷的回答，把人區分成十六種人格類型。我們把邁爾斯－布里格斯類型指標運用在本身的研究中，並認為舉例來說，釐清那些外向、直來直往的 ENFP 型（外向－直覺－情感－隨興）能如何更有效地與比較分析式、數據導向的 ISTJ 型（內向－實感－思考－果斷）溝通，這會有很大的好處。邁爾斯－布里格分類法和其他人格量表最棒的部分就是，它們讓大家曉得，**對不同的人可以採取和運用不同的心態。**這些量表的侷限則是，它們所要辨別的是我們與生俱來的人格，而沒有考慮到在領導中占有一席之地的社會化、家庭和文化影響。我們也深知，來自不同文化的人，無論男女，或是成長於不同世代並受到不同事件和趨勢所形塑的人，都是以不同且深刻的方式受到影響與社會化，因而形成一套套與眾不同的信仰與思考過程，並根據這些差異來產生行為。基於這些原因，磨合的模式可以衡量你能不能分辨出差異，以及能不能透

過行動先評估、再拉近權力鴻溝。

我要改變的有多少？

要培養通曉的領導能力並在組織中建立通曉型文化沒有萬靈丹。我們會給各位所需要的工具，然後讓各位自行融合資訊與見解來為組織發揮作用。這麼說來，當我們在解釋成為通曉型領導人背後的觀念時，有很多人會問我們的第一個問題就是，**你們是不是要我改變原來的自己？**這個嘛，是也不是。這麼想吧：此處的關鍵詞是磨合。我們並不是主張要把你的道德、倫理或價值體系扔到窗外。我們也不是主張你要見人說人話，視情境而變成完全不一樣的人。好比強力的橡皮筋可以依照它所要套的東西伸縮成不同的長度，各位也可以調適自己的風格來與別人折衝，並視情況的需要來加大力道。

無損核心價值的磨合

保留自己的價值體系還是能擴展風格來跟有別於自己的人折衝。事實上，我們發現通曉型領導人有一個共通之處，那就是**自我意識敏銳、本身的道德核心強大**。他們的行為是根植在所奉行的價值體系上，而不管它是否符合公司的文化。可能要視情況而改變的是，風格要以什麼方式磨合到什麼地步。為了充分與某些人打交道，並縮短較大的權力鴻溝，你可能必須下足功夫，尤其是在起步的時候，因為你要建立信賴，並創造新的溝通管道。而對於某些人，你可能只要略為調整自己的做事方法或者只要偶一為之即可。要何時以及多常磨合，這可能也要看你所應對的是誰。

不過依照我們的經驗，有些人在變得比較通曉後，便會有意識地選擇永久改變自己的管理風格。為了協助說明，我們回到第一章的語言比

喻上。還記得對轉換語碼的人來說，他們説話的方式成了與眾不同的溝通方式，基本上就是掌握了不同的工具可以在適當或即將面臨的情況有重大影響時使用。同時通曉西班牙文和英文的人可能在家時用西班牙文，上學時用英文，或者也可能在兩種情況下都説西班牙式英文，以涵蓋兩種語言，並以獨特的方式來表達意涵，好讓自己的意思最有效地為人所了解。管理風格也有類似的情形。如果要磨合自己的管理風格，你可以選擇：

- 在不同的管理風格之間反覆來回，同時保持自己的核心偏好或風格。
- 或是創造混合式的新管理作風，把不同的觀點融合成新的風格。新風格會是在各種情境下跨越差異來管理的有力工具。

磨合的時機

　　在第一種方式中，你並不是真的從根本上改變本身的偏好或風格。磨合是看情況而定，並且可能是相當罕見的舉動。

　　例如你在職場上或許不是天天會跟德國人打交道，但為了產品的全球發行，所以你需要跟位在柏林總部的同僚同心協力。你可能會注意和考量到上次在面對面開會時所遇到溝通和決策上的文化差異，以設法在這些差異下運作得更好，並讓所屬團隊全心投入。接著你可能會把這些資訊儲存下來，以便將來還要跟德國的團隊互動或遇到類似的情況，到時候就能為磨合做更好的準備。或者是你或許有注意到，你有兩個 Y 世代員工渴望辦公室內部能以比較靈活和非正式的模式來溝通。當然，你不必把寫備忘錄改成傳簡訊給員工（LOL!），但你可能會決定以多種方式把資訊傳達給員工，甚至是客戶，以確保對方明白你的訊息。

　　在第二種方式當中，當你對差異收集到較多的資訊後，便開始把其

他的風格融入自己的風格，並創造出全新的個人化管理風格來適用於不同的層級。

「薩布麗娜」是銀行業的副總裁，從小跟她一起長大的那些人現在幾乎都認不出她來了。在比較早期的那幾年，她害羞到一面對權威就渾身發抖。畏縮又退卻的她對於任何一種批評或糾正的反應都很糟糕。薩布麗娜變成了非常敢言又有主見的女性，在任何社交場合中也非常自在。她還是自認很內向。跟天生就比較活潑的同事比起來，當需要在工作上「衝刺」時，她需要更多的時間來沉澱自己，以激發出新的活力。她一進入職場，就很善於評估所需要的是什麼，並察覺到她所選擇的行業對於害羞或靦腆的舉動會有多無情，而對受不了糾正的人肯定也是如此。於是透過她的領導經驗，從學校的社團和組織到早期的工作經驗，薩布麗娜便開始肩負起更多的領導角色。透過磨合（觀察和適應）領導上的要求，像是專案管理、團隊領導和領導不同的風格，她逐漸掌握到自己的發言權。雖然她在新的場合中偶爾會變回內在那個比較沉默的自己，但拜長年練習新風格所賜，她很快就會重新找到平衡。

這個例子說明了，「頻率」對於風格是否要長期調整可能具有的影響。假如你是跟來自不同文化背景的人共事，或是要跨世代同心協力，或者在全球化的情境中工作，那你可能需要打造混合式的風格。頻率肯定會成為風格要多常調適的因素。或者你可能會發現，舊有的自己要完全拋到腦後，並以嶄新的面貌出現，這樣才是邁向領導成功的最佳途徑。

培養通曉度

我們發現，培養真正通曉的風格很重要……而且很難。比方說，要怎麼像 Y 世代的部屬那樣，把社群媒體的效用和效率給內化？比較傳統的溝通方法是否非捨棄不可？不一定。不過，我們發現假如只改變行

為，卻沒有把行為連回表象底下的內涵，改變就無法持久。對於即將進行的改組，你可能會透過各種管道來發布詳細的報告（包括推特和LinkedIn），但還是相信具有崇高工作倫理的真勞工會花時間去看完整的消息內容，而不是靠推特來得知所宣布的消息。假如這種成見還是揮之不去，亦即社群媒體是給懶人用的，那在有效運用社群媒體來塑造所屬團隊對於改組的感受時，你就不太可能具備充分的說服力，並且可能還是會對仰賴它的人看不順眼。反過來說，長遠的改變是從轉換我們的思考過程開始，進而帶動我們的行為，再影響他人的感知與行動。

改變的過程

身為組織中的領導人，你可以從許多方面來影響所屬團隊。你或許可以激勵、指導、啟迪、教育或引領組織中的人員，但有一件事卻是你做不到的，那就是控制他們要怎麼做。**對於人的行為，你唯一可以控制的就是自己，而行為則是始於內在的思考過程。**如下頁的圖所示，我們的思考和感受引領了我們的行為。接著這些行動會受到他人評斷，並轉化成他們本身對於我們是誰的感知。在過程中的各個階段，通曉型領導人都是一清二楚並參與其中。

「思考路徑」（Thinking Path）是亞歷山大·凱萊（Alexander Caillet）所發展出的架構，它以認知／行為心理學和神經科學所提供的有益模式把人類的思考與執行過程拆解成了分離的步驟，以幫忙大家帶來長遠的改變。而在我們的研究中，它則是經過了修訂。

思考是起點，它是身體在因應刺激時所產生的認知和機械式反應。接著這個認知反應會觸發感受，也就是全身的情緒和生理現象。大腦會指示身體加快心跳、產生壓力激素（使我們覺得焦慮或緊張）、釋放多巴胺（使我們自然覺得飄飄欲仙），或是其他不一而足的生理反應。反

辨別改變的區域

應的起始路線是大腦中所謂的神經路徑，它是透過重複的思考和態度機制來形成。我們的感受是這些神經路徑引發化學連鎖反應的產物，它會變成身體的首要反應，因為大腦就是利用最常走的神經路徑來衡量反應。這就是表面底下的內在所發生的事。自己的確切想法只有自己知道，而當它轉化成感受後，別人就會開始看到表面的現象。

接著我們會依照本身的思考和感受來行事並採取行動。然後行動會對情況或人造成衝擊，也就是行動造成了顯著結果。在職場上，這會影響到別人怎麼看待我們，衝擊到我們要所屬團隊達到的結果，並形成我們在同仁之間所樹立起來的普遍名聲。

這就是為什麼**真正的內在改變很難出現。它必須透過思考把大腦重新接線，以誘使身體走別的神經路徑，並創造出新的行為**。別人會在不同的點上與這條路徑互動，並能在雙向關係上體驗到想法和行為的改變。

比方說，你可以設法從內在來改變，並在本身的想法一出現時就加以質疑／調整。留意和質疑自己的想法會及時抑制這個過程，使你能產生不同的情緒反應，並引導出不同的行為，進而產生不同的結果。

有很多人則習慣從這個連鎖的末端做起。例如你渴望和同仁有更好的關係，或者要所屬團隊提高銷售數字。但這些是結果。你會從這裡開始回推，並找出能獲致這些結果的行動。或許大家需要更合作地一起共事，並彼此分享更多的客戶線索。是什麼感受導致了團隊成員各行其是？也許是有一位團隊成員在會議中老是唯我獨尊，於是其他人便視開會為畏途，並開始避免跟那位團隊成員開會。或者是最能幹的團隊成員對於分享自己的想法感到不自在，於是她就遭到了埋沒。

這些感受底下的假定、信仰和價值形成了我們的以下想法：老闆只想聽比較資深的人說話，而不想聽我的。既然我們的銷售數字偏低，那我就要多加提防，並把資訊留一手。在這家公司，要出頭的方法就是把別人鬥倒。每個人都是為了自己，因為假如你不踩在別人頭上，下一季就會被裁掉。這些全都是防禦性的反應，但假如根本的信仰就是公司搖搖欲墜，而且同心協力的行為並不會讓團隊得到獎賞，那可以理解的是，組織裡的人就會表現得彷彿這只是一場零和遊戲。

不過，即使是靠著展現出不同的行為，你還是對周遭的人觸發了不同的反應，而且這些外在的改變可能會回過頭來根據新的反應沿路扭轉你的感受和想法。

比方說，「安娜」是個盛氣凌人的團隊成員，在開會時霸占了所有的時間，並且頻頻插話，只顧自己的構想和想法。她相信別人很重要，但這並沒有轉化成她對待團員的方式；她對自己的構想和認同很有把握，並超越了她對別人的相信。但透過反饋的過程，她發現自己得到了自戀的惡名；她的行為使別的團隊成員覺得不受尊重並遭到踐踏。她的經理

要她將來在開會時把時間分出來，直接請教別人的意見，並仔細傾聽他們的構想。起初安娜可能會帶著善意開始練習這些行為，或許只是為了讓人覺得她並沒有盛氣凌人，而且她是真心重視別人。但隨著她養成了這種習慣，並聽到同仁十分寶貴的意見，這些行為就會開始挑戰她原本的想法，並改變她對於自己和別人的態度。

由內而外和由外而內改變

有些人就跟安娜一樣，起初在意的是管理別人的感知或得到立竿見影的結果。但假如他們能汲取從改變自身行為中所學到的啟示，到最後或許內在也能跟著轉變。為了改善心情和克服負面的情緒而露出笑容也是一樣的道理。有些心理學家發現，露出笑容會使心境為之改觀，連在覺得難過時也一樣。而改變外在同樣會對內在產生衝擊。

有的人比較注重態度，便設法先改變內在。這件值得去做的事做起來比較難，而且行為不見得會立刻改變，使別人立刻就看得出來。你也可能是對自己的價值和信仰感到完全放心，卻沒有察覺到自己的行為仍在產生負面的衝擊，無論它可能有多不經意。

持續對別人練習這些領導行為，你就會看到結果，包括結局改善、團隊成員出現正面的反應、信賴度升高，而且你會變得比較開放，甚至會熱切擁抱另類的心態與觀點。

改變和確信的目標是要盡量達到為人的一致性，從上到下、由內而外，全都照著路徑走。這並沒有精確的公式。你得自行決定，在塑造通曉型領導行為及跨越權力鴻溝來磨合時，要怎麼做最好，即使你打心底還沒有完全接受通曉型領導人的核心信仰與態度。而我們現在就要來詳細討論這點。

擬訂適切的作戰計畫

預備——三個重要問題

在起點時，假如你發現自己跟有別於你而且還不太熟的人處在新的關係中，那在開口對這個人說任何話之前，就要拿以下三個預備問題來問自己。在這個階段，對人要敞開心胸，直到自己了解對方為止，而不要妄下定論。光是這個過程就能替未來的職場互動帶來有意義的結果。

每當遇到自己看不懂的情況或行為時就拿出來用，這些問題會有助於你認清自己的態度，並檢視自己的思考過程後再行動。

1. 他們在想什麼？
- 行動的起因為何？
- 他和我可能會有哪些不同的觀點和假定？情境為何？這點是由文化、性別還是年齡上的差異所導致？他的背景中是否有明確的經驗影響了他的互動？
- 我剛才所目睹的表面行為有什麼深層因素？

2. 我該如何出擊？
- 我要怎麼跟這個人搭話？
- 我可以說什麼來展現出很想對她表示友好？

3. 我可以如何設身處地為對方著想？
- 我可以做什麼和說什麼來表達善意？
- 我要怎麼證明自己願意和他折衝？
- 我需要考慮到哪些深層的畏懼或阻礙？

通曉型領導人的心態

我們在為本書研究時，發現通曉型領導人有六項重要的特徵，並包含了向上、向下和橫向磨合所需要的態度和行為。連回到長遠改變使信仰與行為達成一致的觀念上，我們希望，了解這些共同的特徵以及它們是如何促成通曉能在各位本身的領導之路上助各位一臂之力。再者，各位在讀到本書通篇所介紹（經驗、行業、年齡、性別、族群和全球經驗都很多元）的各式領導人時，我們希望各位所看到的是，這些人不僅是受到別人愛戴與敬重，而且他們共同的信仰體系與行為大大促進了組織文化的健全和公司的盈餘。對每位願意付諸行動的經理人來說，通曉型領導人的這些共同特徵都是唾手可得。

通曉型領導人的主要特徵：明瞭自己與他人

通曉型領導人很善於掌握本身的優缺點和偏好。此外，他們一下就能看出別人的偏好，所以知道要怎麼磨合自己的風格。在通曉型領導人的明瞭能力上，這是個重要的條件，因為有些經理人或許對自己十分明瞭，但卻沒有能力進一步看出其他文化或世代的人是如何應對權威，或是沒有能力去深究團隊成員在行為背後的深層信仰，或是不懂得以適切的方式對待員工來得到所要的結果。這個特徵的作用就是在展現領導人的文化才能與情緒智能。

「奧蘭多」是非營利組織的中階經理人，服務對象是大學生，並以拉丁裔為主要的重點。在與學生聯繫時，他所憑藉的是自己在二十五年前讀大學的經驗。當時他是那所小型文學院中唯一的拉丁／波多黎各裔學生，別的學生都不曉得要怎麼跟他打交道。他深知自己在當時覺得有多孤立無援，也察覺到那如何衝擊了他在整個大學時期、甚至是來到職場上的認同與互動。快轉幾十年後，他試圖與拉丁裔的學生建立關係，

好讓他們開始跟他聯繫，並讓他來幫助他們自助。而在工作上，他也開始察覺到，有很多科層式的行為是建立在文化價值上，他的風格則是傾向平等式風格，尤其是在跟所屬團隊共事的時候。「對於我真正需要聽的話，有時候我的團隊會避而不談。這種科層式的敬老尊賢可以是很不錯的事，除非你需要有人來告訴你，你需要做得更好。我比較年長，經驗也比較豐富一點，但我肯定不會永遠都對。假如我説了什麼不當的話，我需要有人來提點我説，我並沒有做到最好。」同時身為波多黎各裔和直接溝通者，奧蘭多努力要打破的錯誤觀念是，拉丁裔全都是以同樣的方式溝通。「我會直接向比我資淺的人請益，有時候他們會對我很坦誠。不過，他們在給我建言時，總是帶著一定的尊敬，連跟我説話的方式也是。他們會比較遲疑，這點是源自我們敬重尊長和信賴父母的文化。但在我們的組織中，我們的文化所注重的是直接溝通的風格，所以對於當面聽取建言，我習慣得不得了！」明瞭自己的背景和經驗使奧蘭多得以評估和討論他人的偏好，以藉此有效磨合。

———
通曉型領導人的主要特徵：調適

　　調適是通曉型領導的關鍵條件，指的是能靠調適來擴展風格與偏好，有時則展現出其他的風格，以便和他人互動得更好。雖然常常處在強勢的地位，但通曉型領導人也會謙虛地承認錯誤並採用別人的資訊，以針對情勢的需要來調整。通曉型領導人不僅能承認自己的錯誤，還會把它當成機會教育，並能適應風格與環境的轉變，認為自己是為了服務員工、組織或客戶而工作。調適型領導人很受教，而且肯接受改變。

　　比爾‧波拉德（Bill Pollard）早期在擔任威務（ServiceMaster）的高階主管時，並沒有開會去研擬高層次的公司策略。他反而是去到現場，在第一線從事服務顧客的工作，並在全世界屬一屬二大的住宅和商業服

務網當中體驗服務人員的感受與挑戰。在威務，所有的營運經理都被規定要去做第一線服務人員的實務工作，使他們也能更加了解轄下人員的情緒與心態。這種連結使他更懂得要怎麼激勵和培養那些為他們做事的人。

同樣地，威務的每位員工不分頭銜、年資或職位，依規定每年至少要花一天從事現場工作來服務顧客。公司稱之為「我們的服務日」（We Serve Day）。比爾則形容這是「把手伸進桶子裡」的服務機會。它確保了擔任領導職或「公司」裡的人絕對不會搞不清楚，服務人員在服務顧客時是在做什麼，以及被要求去做什麼。對比爾來說，在服務人員旁邊工作給了他新的見解，並幫助他針對該增進或改變什麼塑造出自己的想法，以協助服務人員不僅有本事符合顧客的期待，還要超越它。

──
通曉型領導人的主要特徵：對模糊和複雜感到自在

我們在第 1 章討論過，坦誠而認真地談論差異有賴於獨到的勇氣和一套明確的技巧。一般來說，差異是眾人被訓練成要避談的話題。通曉型領導人的獨特之處在於，**他們能剖析複雜的情況和不確定性**。在任何特定的情況下，他們都知道要怎麼對相關的議題和優先事項直搗核心。他們甚至要應付棘手的情況，並尋求和解。

在 1992 年的「洛城暴動」後，副市長琳達・葛里格（Linda Griego）獲派的任務是開始重建風聲鶴唳的社區，而在當時其實是有一大票的社區。少數族群有很多，而且全都自成一群地守在一起，自我孤立，也沒有交集。「其中有部分在於，大家都認為需要把自己人給顧好。我反而企圖讓群體之間有所交流。他們是來自不同的背景，有的非常宗教性，有的則是政治性很強。當地的鄰里摩擦還是很多。」韓裔社區覺得自己遭到消防部門漠視，並在暴動時成了保護其他社區的墊背。怒火

一致射向了警方。「現場有黑人和韓裔領袖、牧師、非營利和企業領袖。大家圍坐在桌前，肢體語言所說的卻是『我並不想來』。」

　　面對現場這些各路人馬，琳達試著要設法滿足各個社區的需求。有一項策略是，把社區加以重建並擴大。民眾希望有商店可以讓他們買到新鮮的蔬果。「我們開始跳脫框架來思考：其中一些酒鋪能不能轉型成賣水果和新鮮農產品的街角雜貨店？探討這件事觸及了很多觀點。對於韓國來的韓裔人士，我們要怎麼滿足他們的需求？假如非洲裔的美國人不要酒鋪，那我們要的是哪種商店，或者是要怎麼設立？」在琳達的領導下，他們選定了街角雜貨店，並減少了社區中的酒鋪家數。這靠的是桌子兩側的不同思考，並且是個充滿摩擦、憤怒、誤解和需求的複雜過程。她則有辦法駕馭這個場面，並幫忙協商出可以開始把社區一起縫補回來的折衷方案。

通曉型領導人的主要特徵：無條件正面關懷

　　整體來說，通曉型領導人會展現出**無條件正面關懷**（unconditional positive regard, UPR）。這個名詞是由心理學家卡爾・羅傑斯（Carl Rogers）所發明，意指無條件接納他人，即使他們是在風雨飄搖和最脆弱的時刻。羅傑斯相信，這種寬大的態度是健全發展的根本。藉由給予無條件正面關懷和完全的接納，經理人可以為團隊成員的個人發展創造出最好的可能條件。通曉型領導人可以把失敗轉化成機會教育，保有看出團隊前途的能力，並幫忙把他們引領到可以發光發熱的地方。懂得無條件正面關懷的通曉型領導人能設想到局勢或個人發展的未來狀態，給予建言，並想像到別人未來的領導潛力。

　　雷夫・艾斯奎（Rafe Esquith）在洛杉磯市區的霍伯特小學（Hobart Boulevard Elementary School）教了三十多年的五年級。他的學生有九

成是低於貧窮水準，而且沒有一個人說的母語是英語。但雷夫相信，他需要做的不只是在小朋友的腦袋裡填滿事實而已。「我試著教導學生要正派做人，因為世界並沒有教他們這件事。」身為教師和通曉型領導人，雷夫既授權給學生，也給他們空間來犯錯、學習和成長。身為教師，雷夫鼓勵發問，而不是告訴學生要做什麼。「同時我還試著創造適切的環境，使他們不會害怕失敗。我想要把價值教給他們，像是謙遜、誠實，以及努力把事情做好。」

當有人破壞上課的規矩時，雷夫並不畏於給學生寶貴的教訓。他們要念經濟學，而且每個學生會賺到「錢」（可以拿來換禮券）來當做獎勵。依照他們所完成的特定任務，他們在課堂上會賺到錢，而且必須付「租金」才能坐到所偏好的位子，或是買到其他想要的機會。有一天，有個學生偷了班上的錢。東窗事發後，雷夫馬上就採取了行動。由於事態嚴重，所以他告訴她說，他得請她的父母過來才行。他撤銷了她的課外權利，不過他完全沒有強迫她道歉，而是等她自己來找他展開和解的這個部分。他知道一旦她這麼做，就代表她明白自己的犯行有多重大，並想要在改過自新中往前邁進。到最後她來找他問說，她能不能向全班道歉，他也允許了她這麼做。自此之後，他在班上便完全接納她，並以船過水無痕的方式來對待她。對某些領導人來說，仿效雷夫的教法並把它從教室移到會議室裡，這並不是壞事！

通曉型領導人的主要特徵：創新

通曉型領導人不會死板、拘泥或陷入單一模式的思考方式。以創新的心態來說，這是相當傳統的定義。此外而且同樣重要的是，對於別人、他們對差異的看法，以及他們建立關係和做生意的創新方式，通曉型領導人無不具有無與倫比和永無止境的好奇心。通曉型領導人不排斥導入

以前可能沒有用過的新流程和新方法。**他們遇到自己不了解的事或人時，第一個反應並不是閃避，而是感興趣。**

康寶湯品公司（Campbell Soup Company）的前任總裁暨執行長道格‧康奈特（Doug Conant）素以他的正面領導風格和個人作風而聞名。但他縮短鴻溝的能力以及堅持追求另類的意見和相異的觀點也收到了效果，因為它幫忙激發和帶動了創新思考來抓住消費者的目光，並讓公司反敗為勝。在主掌康寶時，他說：「我們並沒有討好消費者。我們拚命著墨於產品的定價，卻在品質上妥協。營業額可說是每下愈況。」為了賺錢，他們砍掉了建立消費品牌的作業以及研發經費，而這卻是維持品牌生命力最重要的元素。「我們陷入了這個死胡同。」道格說。「明顯需要跟消費者重啟對話。」

後來道格花了三年把重點擺在消費者身上，並著重於從女性的角度來看雜貨店的走道。就是女性。「我們的湯有八成是由女性所購買，我們的湯品卻一律是由男性來設計。我們請來了女性的焦點團體，男性則坐在玻璃後面。」當北美湯品、醬料和飲品總裁（現任執行長）莫睿思（Denise Morrison）體認到女性有機會取得更大的發言權時，道格聽到了。結果就是精選收成（Select Harvest）湯。它是以天然成分為號召，並被資訊資源公司（Information Resources, Inc.）選為 2009 年食品界的年度產品。「我們體認到，我們得把那股聲音聽得更清楚才行。假如你想要有不同的表現，在事情的做法上就必須有所不同。在這個市場上，我們必須轉變成把更女性完整地涵蓋進來，我們也從這樣的改變中得到了創新。」

針對什麼沒有用和需要什麼，道格和他的重要主管提出了尖銳的問題，並跟高階領導人舉行了高層對高層的會談，重點則在於坦白和從頭開始。他在一路上遇到了程度各異的抗拒，而且對於事情為什麼需要以

某種方式來做才行，他所面對的一切問題和藉口都棘手到令人沮喪。他必須不斷地說：「我聽懂你的話了，但我們需要往前進，事情也需要改變。」在徵詢供應商的看法時，他和他的團隊也有類似的互動，並重新打造了這些關係。最終的結果是，產品和廣告更好，康寶的營業額再度開始成長。康寶引進了新的零售上架系統，使湯罐在商店貨架上的擺法有所不同，而有助於客人更快找到清單上所要的湯。他們開發了好開的蓋子，以及適合忙碌消費者的便利微波產品。該公司在「減鈉」上有所創新，並擴充了健康訴求（Healthy Request）的品牌。這一系列的創新刺激了成長，並拉攏了顧客。

通曉型領導人的主要特徵：跨越權力鴻溝來磨合

通曉型領導人對於「領導認同」感到自在，並能有效向上、向下和橫向管理組織以及顧客和廠商。在科層 vs. 平等的光譜上，他們了解自己和他人對於權力鴻溝的偏好。對於資深領導階層和行政助理，他們同樣感到放心。他們會縮短權力鴻溝，並透過同理心、信賴與操守來打造與各個層級的信賴關係。

尼可·凡莫維（Nico Van der Merwe）擁有專做預防和治療型聽力保健的哈斯集團（H.A.S.S. Group），並且是南非普利托里亞（Pretoria）雙重教育學校（Eduplex School）的創辦人和董事。這是一所充分兼容的學校，同時收容聽得到和聽不到的孩童。2002 年 3 月時，尼爾森·曼德拉（Nelson Mandela）正式為該校揭幕。身為在南非擁有全球夥伴的生意人，在種族隔離政策廢止後，他必須在相對短暫的幾年內大幅調整自己的管理風格。他從雙重教育的經驗中學習到，教育體系可以如何靠磨合來滿足國內所有孩童的需求，使殘疾可以對師生之間已然存在的權力鴻溝產生巨大的作用。

在向下磨合來適應員工和全球夥伴的種族、文化與社經差異時，他的經驗體現出在最艱難的環境中管理權力鴻溝仍游刃有餘。「對於種族隔離政策後的文化差異，我本身適應得很辛苦。」他坦承說。「我必須真的學會要怎麼真心誠意跟不同層級的職員打交道，並學會愛他們與接納他們，包涵每個人的獨特挑戰，以及對別人一些先入為主的想法釋懷。身為經理人，你必須展開困難的對話，以充分了解他們是來自什麼地方，以及他們在工作上的行為有什麼背後的含義。「你可能必須問問員工，你每個月的交通費是多少？家裡有多少人是靠你的薪水過日子？在決定合理的薪資水準時，要從個人的角度去看待每個人的處境。」

了解自己：以通曉型領導人的盤點清單評量你對權力鴻溝的通曉度

有些人喜歡認為**自己是以某種方式在領導，但別人是怎麼看待我們跟我們對自己的感受可能會大不相同**。為了讓各位想一想再評估自己，在考量本身成為通曉型領導人的條件時，拿以下這些問題來問問自己：

- 對於我和組織中其他人之間的權力鴻溝，我會怎麼形容？
- 對於周遭的人不同的領導風格與偏好，我有沒有注意到？當他們跟自己不同時，我是如何反應？
- 我對於（文化、性別、世代、生活形態、習慣等等）跟自己不一樣的人有多感到自在？我對於差異有多感到自在？我對於哪些差異最感到不自在？為什麼？我是否覺得要談論差異很難？
- 我會不會主動找出新的情況，就算有時令人不自在？我在這些情況下是如何自處？我從中學到了什麼？
- 什麼事阻止了我公開與這些人打交道並討論差異？過去的多元化訓練作為、職場歧視的法律層面或者談論差異的污名對於我擔任經理人造成

了什麼衝擊？

通曉型領導人側寫：曹慧玲──建立超越刻板印象的通曉度

領導人必須贏得尊重，同時給予尊重。

──曹慧玲（Rosaline Koo）

　　我們第一次見到曹慧玲時，對於她冷面笑匠式的幽默感就留下了深刻的印象。她目前是 ConneXionsAsia 的創辦人暨執行長，駐地在新加坡。慧玲不做表面功夫，或許是因為在人生的初期，慧玲就學到了差異無須隱藏。就跟其他許多擅長駕馭權力鴻溝的領導人一樣，慧玲擁有和周遭的多數文化大相逕庭的養成經驗，在瓦茲區暴動（Watts riots）的時期成長於以非洲裔美國人為主的洛杉磯中南區，是個華裔美國人。她開玩笑地說：「我有好幾次必須馬上評估，我應該要留下來戰鬥，還是開溜一輩子！」不過，她的童年雖然教了她要怎麼在更廣大的社群情境中駕馭差異，但慧玲真正不凡的軌跡卻是根植在生涯早期的辛苦職位所帶來的啟示中，並且是一段並不成功的經驗。她並沒有就此認輸，反而能善用這些早期的經驗，並在海外展開十分成功的生涯。她目前具有難得的文化通曉度，並懂得同時和同事與客戶搭起橋樑。

　　經過在紐約信孚銀行（Bankers Trust）的工作後，慧玲和先生得到了外派倫敦的機會。他們很興奮地準備要遷居英國，但在搬家工人來搬運所有家當的那天，他們卻被告知要改去新加坡。他們並沒有讓變動打倒自己，而是坦然面對新職，並展現出臨機應變和隨遇而安的行為。他們很快就重新鎖定了方向，並準備好迎接新生活。

　　慧玲的處境確實變得天差地遠。在「美世達信福利」（Mercer Marsh Benefits），慧玲的工作非常複雜，而且要管理十四個不同國家的

四百位員工。在她去當地任職前，美世在過去三十年只把營業額擴增到1100萬美元。等她在八年後離開時，慧玲則讓該企業的年營業額達到了8800萬美元。她的團隊每一年都超越預算目標，成了業界的主角，市占率比居次的競爭對手高了五成。她怎麼有辦法扭轉這家企業，並達到這麼顯著的成長？有部分是因為，慧玲前往海外時，不光是帶了行李而已；她還帶上了童年和二十多歲時一些早期的啟示。

知道自己不知道什麼

雖然慧玲是不折不扣的全球領導人，在亞洲和美國的二十五年擔任過許多不同行業的領導人，但她的第一份工作是在美國中西部，而且是被派去管理寶僑家品（Procter & Gamble）的多條生產線。這份工作是負責佳潔士（Crest）牙膏的包裝，對當時二十一歲的她來說是一大考驗。她從洛杉磯的老家搬到愛荷華，並再次發現所處的職場中沒幾個人跟自己一樣。事實上，她是那座工廠歷來第一個亞裔人士。但慧玲把工作做得很起勁，她所管理的團隊有三十三個人，而且年紀全都比她大得多。不過，她很快就察覺到自己有點吃不消，感覺就像是代課老師被失控的班級搞得焦頭爛額。

慧玲回顧這段奠定基礎的早期經驗，這個刺激促使了她去爭取未來的歷練型任務，而有助於把她塑造成更好的領導人。她的心得之一是，最好的學習是來自領導時所面對的阻礙和失敗。在這些至關重要的學習經驗中，她的經理再三叮嚀聽取建言和基層支持的重要性。「在所屬團隊裡，你要一對一地把這些關係建立起來。你必須學會分辨自己所不知道的事，而且你不必無所不知。要和所屬團隊建立信賴，並創造出能讓他們充分發揮所長的氣氛，這樣他們就會願意實驗，以便為事情找出更好的新做法。」他給慧玲這個早期的忠告，也造就了她未來的成功。他

勸她從一開始就要做到同心協力，而不要像很多人那樣忍不住擺出「老大」的姿態。她學習到不僅要仰賴經理，還要仰賴團隊，並逐漸了解到在那樣的環境裡，身為沒什麼經驗的年輕亞裔女性，她必須「贏得尊重，同時給予尊重」。

在缺乏經驗和年齡差異之外，她又受到了與族群有關的刻板印象所累。她的職場上有很多人會問她，中國是什麼樣子。慧玲在當時並沒有待過中國的經驗，但她把刻板印象的假定轉化成了與所屬團隊拉近距離的機會。更重要的是，在面對這幾種假定時，她的老闆是讓她自己來解釋自己的背景。他並沒有插話解釋說，她是在加州出生長大，而是讓她自己來說自己的故事，並傳達出本身的價值。

回顧那個職位，慧玲心懷謙卑。她覺得自己太年輕，缺乏所需要的能力來扛起領導的責任，並坦承這個角色令她大開眼界，有助於她了解自己還需要多大的成長。雖然這可能直接被當成失敗，但對於自己的缺點，慧玲既謙虛又明瞭，並把這個失敗變成了跳板。她所記得的或許是自己太嫩而沒有成功，但她也知道，大家到最後尊敬她的地方在於，她在每次跌倒後都努力爬起來。她無法拉近每道鴻溝，但由於她是這麼地拚命、這麼地用心，因此「在我的任期做到一半時，團隊終於受到了激勵而開始我跟攜手合作」。她在挑戰和冒險中所培養出來的技巧與韌性使她無所畏懼，並幫忙造就了她後來的成功。我們發現，通曉度最高的領導人都能誠實評估自己的錯誤與過失。接著他們會競競業業地透過刻骨銘心的經驗不斷提升自己，而不是去尋找代罪羔羊，或試著靠盡量減少錯誤來搏得同事和上司的好感。

靠文化通曉度拉近權力鴻溝

在美世時，慧玲會成功有部分是因為，她能讓大家懷抱願景，靠著

一連串迅速致勝打破了數十年來的積習，最終帶起足夠的士氣，使改變變得無法抵擋。她也很注重關係的建立，而且這是她長年來都很擅長的特色。在全亞洲，她發現做每件事都是以信賴和關係為核心。專長固然不可少，但了解觀點不同的人和建立私交至關重要，而且在亞洲遠比在美國要緊。要在亞洲成為真正的領導人，就要知道怎麼在高度情境的科層文化中把事情做好。慧玲說，作風獨裁的經理人不在少數，「但會受到尊敬的人都是能跟基層人員緊密合作來解決問題並幫忙推展局面的人。」即使在亞洲，出手來縮短權力鴻溝的領導人也會得到眾人的回應。慧玲記得，在香港有一位強勢並且十分迷信階級的業務經理知道怎麼利用自己所掌握的職位／頭銜身分來管控底下的業務員。可是一走出他的管轄範圍，他就發現自己缺乏所需要的關係和技巧來把工作做好。他最大的錯誤就是：不傾聽。

靠著信念上的優勢，慧玲得以在極端身分取向的工作環境中，以非常同心協力與平等的方式與人打交道。貫徹自己的想法和採用西式的風格有所差別，這對慧玲來說並不是特技，而是理想的經營作為。在稱霸區域的願景驅使下，她用上了本身所具備的一切技巧來讓每個國家攜手合作，以推出市場首創、泛區域的解決方案。她承認在和日本與韓國的團隊及客戶做生意時，她必須針對他們比較科層式的文化多磨合一點，尤其她是背負著女性、亞裔和美國人的三重劣勢。她察覺到，為了與文化更加融合，她在某些國家必須放慢腳步把解決方案在地化。同時慧玲可以利用本身美籍背景的差異來達成新的創新，以滿足較為繁複的客戶需求。她呼籲領導人要檢視本身對客戶的策略價值。在各種情況下，他們都會跟她一樣問說，這項新的創新對我會有什麼用處？它要怎麼調整才能在市場上引起迴響？

如此一來，拉近鴻溝在經營策略上就不只是反映她所習慣較為平等

式的風格，她更是在策略上用它來提高每個市場的標準。有時候她的風格和做法會遇到很大的阻力，此時她就會修正本身的策略與行為，而反映出一種不同與必要的彈性。

慧玲時常在評估、蒐集資料，並衡量最佳的做法。在美世的頭九十天當中，對企業的願景讓她很有信心，但她也不忘要竭盡所能地做到同心協力，於是便前往各國去會晤管理階層和團隊。她花時間去傾聽，然後把別人的見解融入願景，並予以公開表揚和肯定。在八年當中，她每季都會照例在季度的網路直播中說明該區域的員工在實現願景上的進展，並細數員工的貢獻。而傾聽不僅是對她的團隊很有用，並且證明對了解客戶的需求也至關重要。

「我把自己的作為帶到工作上，但也把我的亞裔價值當成鏡片，並用我的亞裔長相來跟地方團隊交際。我的亞裔身分是我在與新對象共事時的切入點，接著我便善用關係上的技巧來親自與他們聯繫。」慧玲再度遇到了刻板印象，但這次的差異並不在於她是亞裔，而是她的外國籍。慧玲並沒有迴避眾人對外國人的錯誤觀念，她反而發現，如果要有效加以因應，了解這些深層的刻板印象會有幫助。例如她發現，對外派經理人的刻板印象就是，這種人對工作或當地的人不會投入太深的心思或感情。眾人起初都相信她跟其他大部分的外派人員一樣，會把任期熬完，然後等達到了個人的生涯目標就往下一步邁進。於是他們就質疑，為什麼應該要花任何的時間來幫她的忙。慧玲破除了這個刻板印象，非常用心地建立自己的團隊，並投入了真正的個人興趣來培養那些與她共事的人。事實上，她的團隊中有很多人是在之前的網路新創事業和公司時就跟著她。

在建立這些跨文化的關係時，慧玲的混合式風格發揮了非常大的作用。她的區域人資事業領導人卡蘿表示，辦公室非常要緊。新加坡是極

為身分取向的文化，頭銜和邊間辦公室充分向別人說明了你是誰，以及你有多重要。慧玲一來就分配到很氣派的空間，以象徵她的角色所享有的尊榮和權勢。不過，慧玲婉拒了在辦公室裡工作，而且事實上是把她專用的辦公室全數拆除。她反倒是唯一跟團隊排排坐的區域事業領導人，並且會走到大家的桌子前面談事情。卡蘿問到她這個選擇時，慧玲回答說，她並不相信「權力遊戲的勢力範圍」。她說她想要跟團隊一起展現正面能量、主動出擊和激盪構想。她把牆面視為創新的阻礙。

無條件正面關懷他人

慧玲能在這些不同的情況下這麼游刃有餘地磨合，有部分是因為她滿懷著無條件正面關懷，並了解每個團隊成員的固有潛力。慧玲每週都親自徵才，並努力為適當的角色尋找適當的人選。她說假如你能把最優秀的人才融入表現優異的團隊，「那你就能接受彼此的步調與風格」，也能同時有效應對直接和間接溝通者。

「愛倫」是所在國家的其中一位領導人，她說慧玲「對於你想做的任何事都會鼎力支持，只要它與願景一致，你也願意為它付出。假如你有不錯的建議，她就會給你空間和權力去落實」，並讓部屬有冒險的自主權與能力。慧玲很強調領導人要適應亞洲瞬息萬變的客戶與競爭環境。愛倫告訴我們，「與慧玲共事使我在文化上更能適應」，因為她在美國和亞洲的事業經驗非常多元。因此，愛倫變得更加明瞭自己的風格，也學會了在必要時調整。慧玲非常熱情，對團隊和企業關切至深，同時又不遺餘力地追求卓越。慧玲想要贏，但她也把團隊成員的個人成長與發展連結上企業的目標。

「她十分善於指導我要怎麼在亞洲成功。」愛倫說。「在北美，我們比較像是公司的顧問，所採用的風格偏向諮詢。在亞洲，客戶想要的

東西則比較像是處方，也比較重產品。」還有別的差異。「在亞洲工作必須有過人的適應力與韌性，並學會以少許做到超多。我們奉命要在新的新興市場上迅速擴展市占率，卻沒有像美國那麼完備的基礎建設。因此在建立新的服務時，你需要非常靈光，並針對我們所提供的服務做很多市場教育。」慧玲幫忙愛倫看到了這個差異，並針對不同的需求來磨合。

　　她過去的同事全都告訴我們，假如你不曉得事情要怎麼做，無論是向客戶提報還是滅火，慧玲都會捲起袖子陪你做，並教你下次要怎麼自己搞定。她會在場排除障礙，並一路協助他們，使人能承擔較多的風險，並突破自己的極限。因此，主動出擊很快就會開花結果。

　　慧玲懂得把非常個人的作風帶到她在亞洲的工作上，並找出獨特的方式來形成混合西方價值與亞洲觀點的風格。大多數的人克盡職責是因為那是應盡的本分，動機則在於發揮影響力和工作成就本身。在這樣的地方，慧玲展現了她的幽默感，以故意誇張並有點戲謔的問題來問同事說：「我們要怎麼成為宇宙的主宰？」靠著不斷加強個人與企業目標之間的連結，慧玲扭轉了她所任職的高度科層式文化，並深入及抓住了人心。她縮短了鴻溝，並給了大家工具、訓練、領導、溝通技巧和靈感來真正設想，自己可以怎麼一面自我成長、一面為企業帶來改變。「慧玲所訂的標準非常高。」愛倫說。「而當我們達到這些標準時，它就成了我們的榮耀。」

PART_02

The Killer App: Flexing Across the Gap

殺手級應用：

跨鴻溝磨合

權力鴻溝原則：

磨合管理風格

我們都用行為來評斷他人，用意圖來評斷自己。

——知名演說家與激勵大師伊恩·帕西（Ian Percy）

新「開門政策」

　　吉姆一向奉行授權的原則，對此他說明如下：他告訴部屬說，他採用的是開門政策，鼓勵大家登門來吐露心聲。對於要怎麼改善營運，他經常徵詢他們的想法，但卻有個問題。兩年前，他在團隊中增添了一位新的財務人員，她的資歷看起來無懈可擊，包括學歷以及在前東家的出色工作經歷。可是對於他廣開門戶，以及渴望聽取團隊成員的意見，她似乎並沒有妥善運用。他很納悶是不是有什麼地方脫節了，還是他根本就誤判了她？

　　有很多人跟吉姆一樣，想要靠採用一套策略來縮短自己和員工之間的距離，而在這個例子中就是典型的開門政策。也許各位所用的做法差不多。每天挪出一段登門閒聊的時間，有很多經理人要員工知道，自己有空聽取怨言、進度報告和新構想的賣點。有的人更是不拘形式地說，自己的「大門隨時敞開」，並認定團隊成員會帶著自己的問題、疑問和疑慮來找他們。

　　假如我們在側寫領導人和跨國公司後有學到什麼，而各位從評估自己的溝通風格與偏好中也已學到，那就是**我們在與人交際時，全都有預設的模式。磨合的藝術就在於，要是有別於你的人跟你在與人交際時所偏好的模式沒有交集，此時就要加以留意，然後跨越權力鴻溝來尋求解決之道。**要能對磨合的藝術運用自如，有賴於意願、時間和練習。雖然有的經理人學得比別人快，但我們第一次要經理人和員工展開對話，並考慮對其中一些員工調整自己的管理做法時，卻常常遇到阻力：

　　「你們建議我的事似乎虛假又做作。那不是我的個性。」
　　「改變不是我的職責所在。我的員工可得記住，我才是老闆！他們可不能被慣壞了。」

「我不擅長應付人，而且那並不是我的工作重點。」

「我對所有的員工都需要運用不同的管理策略嗎？」

我們對這一切阻力的回應很簡單：**你或許不需要全面改造，但可能需要改變自己的做法**。在跨越差異時，相同的策略或許行不通，或許得不到你所要的相同結果。假如希望在我們手下工作的人能有最好的表現，我們全都必須培養能力來磨合自己的風格。

***

磨合的原則

- 任何人都能學會磨合自己的管理風格，並學會要怎麼適應從業人員的變動。
- 磨合有賴於縮減和團隊成員的權力鴻溝。
- 磨合就是要使出各種不同的因應之道，使自己更加適應與通曉。
- 磨合與情境有關：針對對象和情況把你的做法客製化與個人化，就像你養了三個非常不同的小孩，而且學習風格與性格各異時，你可能就會這麼做。
- 磨合向來都是從腳踏實地開始。說明你是誰、你重視什麼，然後把你的好奇心擴展到別人身上。

***

尋找有創意的方式來拉近權力鴻溝

有很多經理人都是靠「一套萬用」的招數來展現對部屬的親民。以吉姆的例子來說，他覺得自己對所屬團隊發出了明確的訊息：「我隨時候教！直接上門跟我說你的心聲，還有你要怎麼做。我想要聽聽各位的想法！」他開口提了，接不接受現在則是他們的事。假如他們採取行動，吉姆就會明瞭他們的疑問、議題和疑慮。

吉姆試圖透過他的做法來展現兼容的價值，並帶著善意，他所沒有考量到的則是某些團隊成員和他之間的權力鴻溝。權力鴻溝是某些員工還是沒有隨意找他溝通的原因。它解釋了他們為什麼不提出或能使生涯更上一層樓的構想和解決之道，以及他們為什麼不及早著手解決問題或分享議題，使整個團隊的績效或可因此受益。你八成可以辨別出，轄下有一些員工目前似乎並沒有跟你照著同一套規則在走。跟你所希望的成果比起來，你那種一體適用的管理做法八成是適得其反，而且在不知不覺中，你的開門政策或許反倒阻擋了一大票員工。我們知道你充滿了善意。所以對於有別於你的員工，你要怎麼更進一步地縮短你們之間的社會距離？

在不知不覺中，你的「開門政策」或許反倒阻擋了一大票員工。

——

提出問題：誰不在場？

回到吉姆的窘境，我們來辨別他所做對的事：吉姆注意到，他的財務人員不在他的溝通圈裡。我們在前幾章談過，拉近權力鴻溝的第一步就是要辨別出我們在忙於工作時可能會有的這些空包彈、溝通不良與失策，而不是等到員工辭職或必須給他們劣等的考績為止。吉姆知道他的財務人員既優秀又能幹，所以他才會錄用她啊！可是對於吉姆在就教團隊成員上所採取的手段，他想要獲知意見和最新進度的對象卻是無動於衷。在這個複雜的商場上，我們沒有理由假定沒有消息就是好消息，並等著問題發生。

對於正視問題的第一步，我們建議從上一章所提到三步驟的預備問題開始。這麼做有助於各位嘗試去理解別人行為背後的價值與信仰，並思考可能的磨合方式，好讓自己的話被聽進去。這個過程可以幫助各位

辨別出，在接下來跟他們一對一時所要探討的關鍵因素。

在能針對他們的行為來深究動機前，你必須接受的事實在於，**跟我們共事的個人常常是透過截然不同的鏡片來看待世界；無關乎好壞，就只是不同**。至關重要的是，不要斷定他們的行為是錯的，而要先讓自己看到差異。這會是個吊詭的部分。大多數的經理人和主管目前都被訓練成要刪除或忽略職場上的差異，以藉此杜絕法律訴訟。我們個人的防備心也促使我們試圖去怪罪於人。不過，唯有放下假定和評斷，我們才能探究這種行為背後的潛在動機，然後找出解決之道。

「雷蒙處理概念」（Raymond Handling Concepts）的總裁史提夫・雷蒙（Steve Raymond）是堅守內在價值的通曉型領導人，對自己所不知道的想法和人也很有興趣。他就會主動找出不在場的人。

「我對想法都不排斥。我一定會找人談；我想要聽到蠢問題。」目前雷蒙處理概念的世代多元性並不明顯，但對於公司缺乏 Y 世代的參與，史提夫卻自動來因應，並展現出他的通曉度。「我不太『瞭』年輕一輩的人。」他對我們說道，而且接下來的反應很奇特。「我們擁有的並不夠！我們需要延攬更多人進這家企業。」在他的監督下，他們公司一直在努力對下情不能上達的人主動伸手，並找出差異而不是規避它。

史提夫處理每個議題的方式都是深究和探詢意見，而不是假定或怪罪。這點從高層往下蔓延，並滲透到了公司的文化中。有一位業務人員告訴我們：「我在現場一遇到問題，就會去找他談，以直接溝通議題的本質。史提夫會提問，並緊盯著議題。他要我提出的不只是答案，還有種種用來界定問題的替代方案與意見。如今這也是我的一部分風格了。我們要怎麼思考才能解決問題？我們還能做什麼？起初我對史提夫的反應是，你的意思是什麼？我只要答案就好！可是他有更好的做法。他並沒有真正回答我的疑問，而是要我從做中去解決。」

有時候，你在不同地區工作的個人經驗會促使你去磨合自己的管理風格。花旗集團的全球採購負責人史考特‧華頓（Scott Wharton）有個分散各地的大型組織，以及十位全球部屬。由於他的團隊分散得非常廣，並涵蓋許許多多不同的文化，因此史考特便把他的管理風格加以多方調整。以前他可能只會投入他所認為最大的必要程度，並使用最有效率的溝通手段，現在他則自稱為過度溝通者。史考特有一些部屬覺得他溝通太多了，但這套做法是他有意識地轉變，以更有效地與形形色色多元文化背景的員工共事，並有意義地連結不同國家的規範。他會固定和管理團隊溝通，但還是發現需要對世界各地的重要人員投入很多一對一的時間，也就是面談時間。對他來說，這要同時耗費額外的精力與時間，可是他知道要是不這麼做，他就不可能稱職。

「你真的要摒除自己對於『有效』和『有效率』的成見。在跨越許多不同的文化工作時，你得改變自己的見解才行，包括什麼叫做對員工投入有效和有益的時間，以及什麼樣的時間運用基本上是缺乏效率。」這些親自會面和加強溝通正在開花結果，並且證明在建立員工信賴上極具價值。

「你真的要摒除自己對於有效和有效率的成見。」

史提夫和史考特證明了，通曉型領導人對於差異感到相當自在，而能有效駕馭各種文化情境。切記，通曉是種藝術，而不是嚴格規定的行為。在為跨越權力鴻溝做準備時，最好的辦法或許就是誠實檢視自己對對方的期望。**我為什麼會覺得受到他的行為所冒犯？這是個人行為，還是可能源自一套不同的價值或偏好？**

手寫便條：縮短鴻溝的個人方式

　　道格・康奈特充分示範了，就連「長」字輩的領導人也能維持十分個人化的做法來跟手下保持密切。在康寶任職時，每次有員工做了超越期望的事，康奈特就會寫個人化的感謝便條給他。他還會寫便條鼓勵陷入掙扎的員工要繼續堅持下去、歡迎新人，或是恭喜某人升遷。每份公文都是以手寫便箋的形式從他的辦公室發出，而不是由他的助理打字，並且全都包含寫給員工的個人化訊息。儘管會面和不停往來的行程很累人，但他一天的私人便條平均還是有十到二十則，而且在擔任執行長時，康奈特寫給員工、顧客、供應商和其他人的私人便條達到了三萬則！他拉近權力鴻溝的舉動得到了回報。他的聯絡做法幫忙扭轉了康寶湯品公司，使它步上了正向的軌道，包括市占率提高、員工投入、工作環境更加兼容，以及股東的總報酬有所改善。

好奇心：有益對話的前提。

　　假如千禧世代的員工寫電子郵件來向你說明案件的最新進展，你所期待的卻是面報，可別急著把「無禮」的標籤貼在他身上。你或許覺得不受尊重，但這可能是他習慣與偏好的溝通方式；只是因為它是新花樣，所以在你看來或許不正式。另舉一例，比方一個第一年應聘並且表現優異的 Y 世代部屬來找你談起，他對公司不同區域的任務有興趣，因為它的挑戰和發揮空間比較大。他來公司根本還沒有久到足以學會內部的體系，而且你在冒險雇用他時，他的背景與學歷並不相關。你會怎麼回應？是知道自己拚了六年才坐上類似的職位，所以就笑他率性懵懂嗎？

　　一般來說，比較年輕的勞工現今都會尋求並期待較大的挑戰、有意

義的工作，以及升遷的步調要比過往世代快。對於你為了往上爬所付出的心血或所繳的學費，他們不見得會視為前提。與其為此氣結並給予負面反應，有沒有別的辦法可以滿足他對組織的熱忱和立即貢獻的意願？你可不可能提出一套做法或能涵蓋另類的生涯路徑以及合理的計畫與時間軸，使他能充分發揮所長？你願不願意磨合自己的調職政策，以免損失這項寶貴的資源？

有時則是簡單到**把你所知道的分享出來就好**。克莉絲緹・盧瑟福（Christy Rutherford）少校是美國海巡隊的非洲裔美籍女性，她在對一群 Y 世代的新兵演講時，直截了當地告訴他們比較老的世代是怎麼看待他們那一代，並要他們回應這些對 Y 世代的刻板印象，因而縮短了與他們的鴻溝。接著她和他們分享了在科層式環境中運作的不成文規定。如此一來，盧瑟福少校既向他們說明了了解環境的重要性，又給了他們明確的成功關鍵。她告訴我們：「在海巡隊裡，有些人假定你奉命去做的每件事都要使命必達、分秒不差、一絲不苟。這看起來或許很明顯，但那就是在這裡成功的不成文規定。而這並不合乎許多年輕一輩世代的習慣，需要有人來跟他們原原本本地分享這點。」

在某些情況下，「問題」行為並不是貿然行動或對話，而是對期望缺乏溝通，或是對想法缺乏分享，像吉姆的那位財務人員就是如此，她並沒有以一貫的方式向他提出問題或想法。假如你最優秀的女性行銷主任在週會上不像大夥兒那麼積極，或是發言沒那麼大膽，那你也得思索一下：她是現場唯一的女性嗎？我是不是只期望她要跟大夥兒一樣？她不發言的後續影響是什麼？當你去思索可以怎麼磨合自己的風格，以更有效地跨越差異來工作時，就會體認到別的因素或許在她的行為中扮演了某種角色。除了溝通風格上的差異，她有沒有可能是從覺得沒人會看到的角度來反應，並懷疑自己的意見會有人聽，就算發言也一樣？

有些經理人所落入的陷阱是，**對於沒有以同樣方式行動、發言與思考的人，立刻就判定他們根本是難伺候又浪費時間**：假如她需要這麼多幫忙，這或許大概就不是適合她的工作。有些員工真的並不合適。不過，你的行銷主任很有可能具備某種特殊的知識，或者對市場有新的見解，並且可能需要你的鼓勵才能分享出來。你可以讓局面自行發展，看她會不會改變行為來配合其他的參與者。你也可以等到她的績效審查把你惹火為止。你可以希望她一旦有更好的機會另謀發展就請辭，省得你麻煩。在所有這些情況下，不僅是你的行銷主任不會成功，你也會失去大好機會來挖掘她不同的思考與溝通方式。你的投資會付諸流水，包括她的才幹，以及可能會有幫助與洞見的想法或能改善你的績效和公司的盈餘。

霖森‧丹尼爾（Linson Daniel）是美國某個非營利學生組織的領導人，出生於美國，父母是從印度南部移民過來。他對自己非常明瞭，也很懂得為他廣泛多元化團隊內的個人來調校自己的做法。霖森對本身的溝通風格非常節制，並且發現需要對一位員工採用比較直接的風格。此人把他比較低調的要求當成了建議，而不是命令，因此造成了很多誤解。不過，他起初對團隊中一位東亞裔的女性採用比較直接的做法時，她卻老覺得自己像是闖了禍。他這位經理人的直接做法對她並不需要，因為連霖森的小小建議都會被當成聖旨。

「對於所屬團隊中這一切不同的族群，我得到了不同的經驗，所以這並不是一體適用的事。」對於一位在發展上需要輔導的白人女性部屬，目前他所採取的立場是居於兩種做法之間。「身為女性，她所需要是授權。我其實必須向她表明，我很重視她和她的貢獻。一旦有了這層保證，她就變得非常自主，而且在知道我挺她後，現在也願意承擔比較大的風險。」

不要妄下論斷，而要深究。

一旦注意到誰不在現場或是會談中漏了誰，你就需要開始深究他們為什麼不在。問問這第一個問題：吉姆的財務人員為什麼不去利用他所設立明確而平等的溝通管道？

對於這種現象，身為通曉型領導人，你可以想到的原因有好幾個。你體認到，基於種種的原因，不同的員工或許並不覺得自己跟老闆建立了充分的交情可以直接「登門」。他們或許對於踏進那扇門感到不自在，因為無法有信心地陳述自己的想法，提出更好的方式來推出新產品，自告奮勇舉辦會議，或是為了在截止期限內完成案件而爭取額外的資源。他們或許並不覺得有「話題」可以跟老闆聊，像是共同的興趣或是比較自在的非正式關係。他們或許覺得自行解決問題是職責所在，以免導致你生氣和可能的尷尬。或者他們或許覺得給你愈多的空間，就是對你表示愈大的尊重。在評估他們的潛力時，這一切都可能造成深遠的影響。

你需要磨合的原因在於，**有很多管理風格所反映的偏好與自在程度都是以採行它的經理人為依歸**。如果部屬的個性外向，或者剛好是出身自重視發言、採取主動、主張立場和表達意見的文化，吉姆的開門政策就有用。員工如果預期或是有過採取主動會得到傾聽與認真對待的經驗，這就是不錯的策略。總而言之，只有在部屬的調調跟吉姆相近時，它才有用。我們在無數的例子中都看到，這些風格上的偏好並沒有考慮到現今從業人員的變化。文化、性別和世代差異所形成的權力鴻溝很可能會使吉姆對團隊的溝通政策作用有限。

是文化的關係嗎？

吉姆的財務人員八成是出身自高度情境的科層式文化，「晃進老闆的辦公室」這種隨意之舉可說是聞所未聞。這些價值也是代代相傳而

來。我們所請教的克莉絲緹娜是第二代的墨西哥裔美國人，她在家中所受的教養鼓勵她對權威人士要非常尊敬，這表示假如他們想要聯絡，就該由他們來找她。在她們的零售公司裡，雖然她是主任級的經理，掌管了十二人的團隊，但每當她的「大老闆」來訪時，她還是覺得有點彆扭。她的行銷團隊每個月會開一次全體大會，對於在這個放鬆的場合跟資深副總裁湯姆隨意聊聊，她還是覺得有困難。她被教導和社會化成要順從上司，並以謙虛來表示尊重。不過，在觀察到同儕趁此機會跟湯姆交頭接耳時，她對這個觀念便出現了掙扎。在克莉絲緹娜看來，對老闆發問、挑戰和發言算是不尊重，甚至是不得體。要是湯姆以自己的標準來評斷克莉絲緹娜的行為，他就沒有機會看出她的行為是尊重的表現；她看起來簡直是被動又無心。

　　像這些文化上的細微之處清楚呈現出，對某些人來說，登門和上司大聊議題或問題是萬不得已的最後選擇。這些勞工比較自在的是待在幕後，並把焦點擺在工作上。由於他們順從權威，所以對於被點名並要求提供不同的意見，他們或許會感到比較不自在。

是根植於性別嗎？

　　有時候權力鴻溝並非來自文化，而是源自女生從幼年時期就在接收的特定性別訊息。就傳統上來說，女生都被教養成要遵守規則。「國際教育領導中心」（International Center for Leadership in Education）在《性別差異與學生用心度》（Gender Differences and Student Engagement）的報告中就證實了這點並直言無諱：「女生和男生不同。她們在學習上不同，在玩耍上不同，在對抗上不同，在看待世界上不同，在傾聽上不同，在表達情緒上不同。」研究過兒童性別差異的心理學家兼家醫李納德‧薩克斯（Leonard Sax）表示：「忽略性別差異並不會打

破性別的刻板印象；諷刺的是，**忽視牢不可破的性別差異往往會導致性別的刻板印象遭到強化。**」這點不僅呈現在女生和男生的沙池裡，也呈現在全國各地的會議室裡。

祖魯‧瓦爾（Drew Wahl）是領英（IG Partners）的創辦人暨總裁，也是管理顧問方面的老經驗主管。他給組織領導人的忠告很清楚：「你可以影響公司的文化，以及別人要如何提拔女性。它要靠風行草偃。假如你推它一把，它就會滲透到文化裡，別人也會知道它是可以做的事。」祖魯觀察到，女性有些不成文規定使她們得不到升遷，像她們不夠強悍而無法英勇奮戰的態度就是如此。祖魯反駁說，對於別人視為缺點的事，他則當成是優點。「我會說就派她們去。女性是優秀的談判人員。我們剛辦過企管碩士的座談，我對他們說：『當你們跟兄弟姊妹發生問題時，你們會找的是媽媽還是爸爸？你們都知道是媽媽。』」

身為女性，吉姆的財務人員過去八成因為過度直言不諱，或者過去曾主動出擊去找上司，而得到過負面的回饋。也許她偏好在比較大的會議中提出議題，好讓她可以收集眾人的意見，並要團隊就新計畫達成共識，以確保所改變的方向能得到支持。女性的下屬在嘗試與老闆建立私交時，或許需要找個起頭的話題，儘管文化價值或經驗明顯不同。「在我的部門裡，副總裁講話總是簡單扼要。」在一家以男性為主的公司裡，有一位後起之秀的女性工程師對我們透露說。「假如你不是企管碩士，而且不是真的對財務很熟，要開啟話題就很難。我必須把議題決定好，才會真正感到自在。」我們雖然不曉得先天占多少、後天占多少，但有足夠的研究指出，男女在行為和溝通上的差異必須列為考慮因素。

有沒有代溝？

假如吉姆的財務人員屬於較年輕的世代，這項開門政策或許就顯得

不像是大好機會，而是《廣告狂人》（Mad Men）時代那種比較正式、科層的組織所遺留下來的過時玩意兒。

千禧世代比較傾向走自己的路，並獨立解決問題，而不是花時間去說服老闆，或是在有危機時設法向管理階層呈報。美國的年禧世代普遍展現出比較平等式的行為，因此或許會讓某些嬰兒潮世代覺得「眼高手低」。Y世代的勞工或許溝通頻繁，但在做法上或許無法讓嬰兒潮的老闆一眼就看懂。與其走進開放的辦公室大門，年禧世代或許反而會選擇開放的入口網站，並仰賴科技（電子郵件、聊天或簡訊）而不是面對面的溝通來發表論點，以及為本身的疑問找到解答。

開門政策之外

雖然開門政策是用來廣納建言以及和下屬對話的常見管理工具，但研究顯示它是相當無效的工具，而這也佐證了一個論點，那就是以磨合來順應個別的員工是各位需要培養的技巧。

2010年時，CBS（哥倫比亞廣播公司）新聞有一則報導〈你的「開門」政策是否堵住了員工的嘴？〉（Is Your 'Open Door' Policy Silencing Your Staff?）談到了康乃爾教授詹姆斯・狄特（James Detert）的研究，他發現「部屬有很高機率會把可能至關重要的建言按住不表」。狄特斷定，員工常常出於畏懼而保持沉默，「即使他們的批評可用來改善組織也一樣」。

在2010年的文章〈揭開員工封口的四個迷思〉（Debunking Four Myths about Employee Silence）裡，以康乃爾的這項研究為基礎，《哈佛商業評論》報導了許多經理人日益受挫於開門政策的成果有限，並披露了這項常見政策的一些相關假定。

我們在本身的工作中就看過同樣的侷限。以下是我們發現客戶普遍會有的一些信仰：

迷思一：假如員工跟你溝通，你就會聽到全貌。

經理人是根據自己所聽到的話來決定事情，但他們並非總是能掌握整個真相。《哈佛商業評論》的文章報導說，調查的受訪對象有 42% 說，當他們覺得直說可能會引發震盪，或者甚至是裡面根本沒什麼題材可以讓他們發揮時，他們就會對老闆隱瞞資訊。這些是會跟你談的員工。至於其他不上門去找你的人，不要以為他們就沒有需要關注的議題或問題。他們不來可能代表你還沒找到聯繫的方法。

迷思二：有開門政策或開放表格／意見箱就足以鼓勵員工發表意見。

這種做法完全是太過被動；它把找出問題並說出來的責任推給了員工。由於性格或權力鴻溝差距的關係，有的人或許會選擇跟你保持距離，而且或許只跟同儕分享自己的想法，並指望最後能「上達天聽」。

踏出第一步：有益對話的五個步驟

所以你注意到了問題，現在則想要深究議題並一起設法找出解決之道。假如員工沒來參與，或是沒有給你關鍵的資訊片段，以下是著手處理的逐步架構。

1. 針對你所觀察到並有興趣要探究的情況展開一對一的會談。
2. 說明這些行動對你的衝擊，並把它連結上企業的目標；一定要避免怪罪於人。

3. 深究行為的表象底下是什麼；檢視可能導致這種行為的意圖、價值和動機，以及可能使員工無法形成有效新行為的阻礙。假如同事還沒準備好在這第一次的會談中吐露，那就趁此機會分享你本身的發展經驗。這可以是與員工連結的第一步。

4. 解釋這種行為對你們的生產力以及團隊的走向為什麼這麼要緊。

5. 針對員工所能採取的新行為擬訂行動計畫，使他的意圖、價值和核心動機能與行為的衝擊達成一致。

　　我們深知第 3 步做起來最棘手，但在某些層面上卻是會談中最重要的一環。省略第 3 步會使你的計畫改得很浮面，但直搗他人價值與動機的根源則會帶來長遠的改變。在之前所提過的南非商人尼可・凡莫維就坦承，在種族隔離政策過後主動伸手跨越文化差異讓他個人很掙扎，因為權力鴻溝大到不行。由於經濟和政治環境的緣故，尼可是靠著非常個人的方式縮短了鴻溝。

　　以下實際示範了縮短鴻溝的會談可以如何展開。羅傑是一家新能源公司的資深副總裁，他剛開完雙週會，以便向全球的創新工作小組更新新案的執行期限。安嘉莉則是新血工程師，她正在做新的能源監控資料庫。

羅傑（在大家都離開會議室後）：我能跟你說一下話嗎？

安嘉莉：當然好。

羅傑：我注意到，你在前幾場的全球工作小組會議上什麼話都沒說。即使是今天，我知道你剛開始在做西北太平洋的推行計畫，可是你在開會時並沒有把它提出來。

安嘉莉：你說得對。可是你也知道這些會議的步調，這些會議真

的進行得很熱烈。我去開會時，是有幾件事想要說，可是現場有這麼多專家，其中有些還是副總裁級，以及你所有的頂尖人員。我開口就多餘了。

羅傑：了解。可是安嘉莉，我知道你有很棒的構想，而且在一對一時，我看得出來你真的為案子增添了價值，而且才花了一個星期！想想你想要凸顯其中哪些概念，下次在更新進度時，我要你發言把其中一個貢獻出來！它是個備受矚目的案子，咱們這就開始由你來出馬吧。

安嘉莉裹足不前或許是因為，她覺得自己沒有資格在「全是副總裁」的場合發言。或者在發表意見之前，她可能需要一點時間來整理一下思緒，尤其是在會議步調的性質偏快下。不這麼做可能就枉費了她副總裁級的重要贊助人了解她的價值，並且可以替她敲邊鼓。

像羅傑這樣的老闆可以說，「跟我聊聊你自己，我想要對你個人有所了解。在我們去開那場會之前，我想要多聽聽你的構想」，然後幫助安嘉莉了解，在開會時把她的想法講出來有很大的必要性。

假如員工不希望被點名，試著用第 3 章裡的一些委婉技巧來幫忙減輕一些壓力。分享一個你在初期是如何處理類似議題的例子，或是談談在你的生涯之初，這些大型會議也令你望而卻步。展現謙虛以及對團隊成員表示關切或能引領團隊成員打開心房。你也可以在團體會議中塑造開放和有話就說的氣氛，並以此來定調。擴大焦點則是鼓勵溝通的另一種方式。轉而把焦點擺在團隊身上，如此一來所聚焦的不但是個人的績效，還有團體的集體貢獻。這在其他許多的文化中都是主要價值，而對女性來說多半也是如此。

各位從上述的例子中會注意到，通曉型領導人有一個特色是，能以

中立和不帶評斷的方式深入提問，並以此來培養人員。假如這對你來說是新的領域，你或許會想復習一下本書之前所談過的技巧，包括把言詞放軟和運用比較間接的溝通風格：「我很想聽聽你在案子上所碰到的問題，因為我還沒收到你的消息。我們明天去吃午飯時，我想要了解一下你看到了什麼。我需要知道，你認為我們趕不趕得上截止期限，還有你所需要的一切是不是都有了。」

要員工開口等於是允許他們開始**以自己的方式來談論重要的議題。**

磨合是為了一起尋求解決之道

比方說你跟吉姆一樣，看出有個團隊成員基於某種原因，對於直接跟你商量或帶著問題或議題來找你會感到不自在。這個團隊成員或許也不願意讚美自己的成就，或是向你或其他的經理人回報自己的好表現。你在自己的職場上要怎麼應對這種不同的習性？

比方說你正在跟部屬舉行兩週一次的進度會議。你想要追蹤底下的人做得怎麼樣，同時為團隊成員創造一個百花齊放的論壇，以鼓勵他們互相挑戰與學習。「溫蒂」是團體中的年輕女性，她針對自己的案子提出了最新說明。可是在會議接下來與同事問答時，她把困難的問題全部丟給了你。她所受到的挑戰愈大，她就愈不開口。你曉得她知道問題的答案，但你不明白這是怎麼回事。她的膽識到哪裡去了？你當下就斷定，她是因壓力而退縮，或許是無法應付衝突。你開始擔心她可能會被最難搞的客戶給吃死。你可以如何縮小權力鴻溝，並研判溫蒂的真正價值？

確認她的行為並釐清衝擊。

溫蒂不發言，因此她本身的構想就得不到稱讚。這會讓人覺得她不是領導的料，即使你知道她具備了技巧與才幹。

「咱們來談談我們在這個星期的前幾次所開的會。我注意到，在昨天舉行的最後一場會議上，你把問題全部丟回給我。我曉得你知道答案，所以我搞不懂你為什麼這麼做。」

在這個討論的過程中，很重要的是，你要清清楚楚地把行為連結回它對企業的衝擊，並指出問題並非隔離存在。如此一來，你提點她的方式就是連結上她未來在組織中的成功，而不只是因為與你有所不同就要求她改變習慣或風格。這會使員工比較難對提點不屑一顧，而怪罪於你們之間的個性問題。

說明所觀察到的行動對你和團隊的衝擊，並把它連結到企業的目標上，而不要怪罪。

和她討論這種行為時要有很高的敏感度，而且不要怪罪於她。關於她的行為，你或許有隱含的假定。假如做得巧妙，並且是真心想要了解她，你或許就會從她的觀點中找出新意。試著往表象底下去探究，以挖掘出這些在此情境中對她的成功造成阻礙的動機與價值。讓溫蒂知道你有多需要她的參與，然後討論她可以怎麼改變自己的行為來一面貢獻、一面忠於自己的價值。

一旦開始真正談到關鍵之處，也就是溫蒂的個人轉變，收穫就會浮現，因為她明白了要怎麼在公司創造更好的未來，並提高升遷的機會。

針對員工需要怎麼磨合提供明確的見解，並和她聯手擬訂後續的步驟。

身為經理人，你必須把後果說清楚、講明白：「這就是本公司對事情的做法。我們需要你的建言，我們需要你對這個案子更加主動，並協助團隊中的其他人更加了解你的需要。假如你不這麼做，你要更上一層

樓的機會可能就會打折扣。現在我要怎麼做才能幫上忙？」你的磨合之道是辨別問題、深究成因，並一起尋求解決之道。靠著落實改變來修正行為，你的團隊成員既能和你折衝，又不用捨棄她的價值。

現今的領導人無不被要求去管理種類龐雜的人員與管理風格。如果要奏效，有時就要由你踏出第一步，由你去找他們打開話匣子。這種主動性就是使你成為磨合型領導人的條件。但要注意的是，在上述溫蒂的例子中，你可以踏出第一步，但連結與追求共同的目的才是目標所在。磨合並不是讓員工置身事外，而是在分享責任並釐清期望。

成功磨合的策略

你可以成功調適自己的管理風格，並學會以有創意和腳踏實地的方式來應對多元。假如你變得通曉這些技巧，收穫就會很大：你可以降低折損率，留住頂尖人才，並學會要怎麼栽培他們，甚至到最後成為秘密武器：靠跟你自己不一樣的人帶來長才與見解。為了滿足多元化團隊的需求，以下是嘗試為真的磨合策略，從走出辦公桌後面到輔導人選的訪談技巧不等。

不要等著員工來找你

現今的成功領導人大部分都是以和員工折衝而聞名。他們在投入管理時會四處走動，並離開自己的辦公室而走到大廳去問部屬，事情進行得如何，自己能不能做些什麼來讓他們的作業進展得更順利，以協助團隊更有效率地運作。

出生於敘利亞的企業家奧馬爾・哈默伊（Omar Hamoui）是其中一位率先以四處走動和親臨人員的工作處來實踐管理的執行長。在《紐約時報》2010 年的專欄〈角落辦公室〉（The Corner Office）中，行動廣

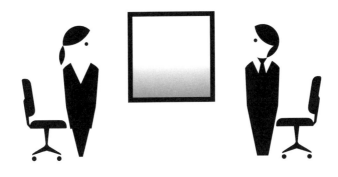

別等著部屬來找你

告網 AdMob 的創辦人兼負責人哈默伊解釋說，他之所以得到更好的結果，靠的是把辦公桌實際四處移動，並堂而皇之地落腳在各個部門。這是怎麼回事？

「假如你把自己擺在大家面前，他們就會把自己所想的事告訴你……而我只是拎著電腦坐在別的地方。」他說。「假如大家看到你就坐在那裡，而且沒有在忙什麼事，他們就會走過來跟你聊天。如果要聽到事情進行得如何，以及大家覺得公司怎麼樣，或者大家覺得你怎麼樣，這招相當

你來移動縮短鴻溝

有效。」

　　對於縮短權力鴻溝和採用更廣的文化視野能如何使公司受益，這是個絕佳的例子。我們請教過的許多通曉型領導人都運用了這項技巧，從新加坡的曹慧玲到稍早所提過的洛杉磯五年級導師雷夫‧艾斯奎都是。

　　「尼爾」是我們共事過的一位人資主管，他也是採取類似的做法。他決定一週至少要待一天在營運現場，以面對公司在工廠裡的內部客戶。他待在辦公室時，大家多半不會找他談敏感的人資議題。去找人資就代表有壞事臨頭或是出了問題，公司的這種文化也在人資人員與公司的內部客戶群之間形成了巨大的權力鴻溝。尼爾決定要開闢路徑來讓別人找他，於是便走入人群。他主動對內部客戶伸手，目標則是要成為他們所信賴的顧問。

　　當他一開始走入「主要營運現場」的大廳，他的風格就顯得平易近人，對於向他吐露心聲感到自在的人也變多了。在他長期所建立的信賴下，各式各樣的人都能提出對於本身的生涯會造成重大衝擊的問題。而對於他找進企業裡的幾位外部新人，他也可以密切掌握。他有一次在訪視現場時，有七個人把他攔下來請教重大的議題，像是學費退款政策、新的績效管理流程，以及請調流程。這些訪視不見得都會揭露出最有新意的人力資本問題來讓他解決，但他卻以同業付之闕如的方式連結了客戶群。他建立了公信力與信賴。以四十五分鐘的投資來說，報酬還不賴！

以磨合來協助新血與新人

　　來看看這則關於美國一些一流商學院的消息。根據「管理類研究所招生委員會」（Graduate Management Admission Council）的資料，在 2011 年美國研究所的全日制商業課程中，國際學生占了申請人數的45%，比 2010 年高了 6%。《美國新聞與世界報導》發現，美國商學院

在 2012 年所招收的學生中，國際學生平均占了 30%。在某些課程中，企管碩士在第一年所上的是資訊訪談和交流拜會要怎麼做的綜合課程。但類似的會議在亞洲國家並不常見，像在中國，你所念的學校和入學考試成績就是評斷你的標準。對於要怎麼著手跟潛在雇主直接聯絡，學生或許就需要額外的引導。國際學生可能需要輔導與練習來幫助他們學習在美式情境中要怎麼推銷自己。有的人在銀行和顧問業有校友可以請教，有的則必須做過至少五、六次資訊訪談，才會對業界比較有概念。這些是封閉的行業，你需要認識人才能一窺堂奧。

在徵才和招聘時，這是另一個要考慮的關鍵議題：因為某人不擅長推銷自己並不代表他就不能幹或不稱職。在北美，求職人選大可公開推銷自己的技能與經驗。事實上，你是被期待要自吹自擂，因為你有責任要說服招聘經理，你能勝任這份工作。在此以外的亞洲國家，人選要是向招聘經理推銷自己，可能就會被視為自負，甚至是不得體。在這些本土文化中，你是從頂尖大學或研究所畢業或許就夠了，因為進得了這些學校就代表有兩把刷子。你或許想要主動伸手來幫忙收集這些資訊，並針對每位人選的長處勾勒出完整的面貌，以確保你能延攬到最優秀的現有人才。

開發隱藏的潛能並提拔適當的人

對於在溝通和表現上有別於你的勞工，各位或許正碰到的一些相同議題也會出現在「選擇要重用或提拔誰」的時候。把登門去你的辦公室詳談問題視為畏途的同一批人在成就上可能也會遭到貶抑，甚至可能在升遷上遭到打壓。為了讓在你手下工作的每個人都能充分發揮，在考核、發獎金和升遷的時機方面，跨越權力鴻溝便至關重要。

為了辨別可以加速拔擢或考慮予以升遷的高潛力人選，我們為經理

人界定了六種所要謀求的精通度。這份清單是彙整自我們本身檢視企業作為以及升遷是如何決定的經驗，並請教了七種行業的人資領導人、領導顧問和徵才人員。各位有許多人會體認到，這些基本規則能讓人在工作上得心應手。各位在評量以下的技巧及權衡每位員工的重要性時，要特別留意權力鴻溝。我們稱之為「一般公認升遷準則」（Generally Accepted Rules for Promotion, GARP）。每條後面都有一些讓人自問的問題，以及為了縮短你和這些員工之間的權力鴻溝所能採取的步驟，好讓一般公認升遷準則與他們的表現連結得更緊密。

1. 採取主動。

員工是否總是在團體會議中推銷自己的新構想，而不是只對你？他們是否在案件或爭取客戶上表現得十分出色，但卻對你隻字不提？要對員工溝通為什麼展現主動是要緊的事，並考慮到主動所能採取的不同形式，以及這一切資訊是否都在你的掌握中。

2. 對自己的溝通風格展現信心。

有信心的溝通常常是跟直接溝通畫上等號。假如員工不是直接溝通者，那就要深究原因何在。他是不是在與不同類型的人聯繫時，才會展現出直覺式的技巧？他是不是會依照現場有誰來調整自己的溝通風格？他的間接風格是不是純粹為了順從你？他在採用直接風格時，是不是受到了別人的嚴苛評斷？他的風格八成打擊了他在工作上真正的信心度。

3. 積極建立自己的人脈。

往傳統的圈子以外去尋找員工有良好人脈的證據，並要他們和你分享他們可能沒想到會跟職場產生連結的人脈。他們是不是跟文化類型的

團體有緊密的聯繫？他們是不是在非營利機構擔任志工？或者他們也許只找女性導師？部屬所利用的資源和資訊以及所取得的支援可能是來自非正規但有幫助的場所。找機會搭上那位員工的人脈來網羅多元化的人才、新穎或創新的觀念，或是跨公司結盟。

4. 展示自己的成就。

我們已經看過，對許多人來說，自我推銷為什麼可能會成問題。有沒有方法可以讓員工講出自己的戰功又不感到威脅？你能不能教導她對上司向上通報的技巧與技術？

5. 主導自己的生涯發展。

傳統的看法或許會說，你的下一份工作不是別人給的，但在某些文化中，這卻是實際發生的情況。為某人畫出生涯路徑的是上司，而不是個人。員工對於尋找機會是不是覺得信心不足，或是覺得做起來無能為力？

6. 對歷練型任務說「好」。

在某些公司，要是在第一線的銷售職掌沒有一些經驗，就不能負責盈虧。在許多高科技公司，不管學術背景為何，你都少不了要擔任現有專長領域以外的職位，並在各式各樣的團隊中工作。有意思的是，我們發現女性比較傾向於在深思後勤方面的障礙後才接下重大任務；男性則是很快就說好，細節等以後再來處理，即使這表示要接下的是特殊案件或是不同地區的海外任務。以他們對快速升遷的期望，千禧世代或許會接受超出本身技能組合的職位。

一般公認升遷準則的前提深植在傳統的美式企業文化中。我們需要再三提醒客戶，在迎合這些需求方面，出身不同文化、性別或年齡層的員工會居於下風，回應這些期望的方式或許也會不一樣。花時間來對員工溝通這些價值和不成文規定，而不要假定他們已有所了解。此外，要找出多元化員工展現這些價值的方式跟你所習慣的方式稍有不同的地方。這種差異可能潛藏著不勝枚舉的機會，或是以往所沒有想過的成功途徑。

透過廣角鏡來看待人才庫

假如你在公司的某個單位看到問題，有很多員工離職，你也不知道為什麼，那起因非常有可能是文化。除了投入度調查和其他的文化評估，或許也該以不同的方式來打動人才。為了把它搞清楚，你需要花時間跟公司上下的各類員工相處，以了解他們的觀點。比方說，試著一一去聯繫公司的員工資源團體（employee resource group, ERG）或聯誼網，並向他們請益。（參見第 11 章所談的最佳作業實例創新。）

一些可以用來和員工資源團體的領導人開啟對話的範例問題有：對於你們的需求和願望，我們有哪些不了解的地方？我們可以從這群特定員工的身上學到什麼？我們可以做什麼來讓他們更加投入？

我們深入探訪過一家大型製造公司，它有一個部門的拉丁裔勞工占比很高，折損率也高得不尋常。我們發現，這些勞工期望老闆來找他們探詢建言，尤其是在事情出錯的時候。他們無法像同僚那樣大大方方地向上通報，所以他們不曉得要如何不請自來地提供建言。

結果就是有很多員工感到不滿，覺得自己的專長不受尊重。同時，經理人也因為覺得沒人願意「多付出一點」而感到沮喪。經理人還抱怨說，底下的人沒有給他們潛在問題的相關示警，以及足夠的前置時間來補救，因而導致成本嚴重超支。

呼應我們實地看到的情況，Google 在 2009 年時展開了「有氧計畫」（Project Oxygen），以密集的研究來分析考績與調查，甚至是探究最佳經理人獎項的提名。當結果公布時，名列榜首的是「當個好教練」這個簡單的指令。當個好教練的重要性在管理的領域中肯定不是新發現，但卻是 Google 管理階層的頓悟時刻，他們都假定出色的管理光靠技術能力就辦得到。他們以往的管理策略是「放牛吃草，讓工程師自由發揮。假如陷入了困境，他們就會去問老闆，而對方深厚的技術專長一開始就會把他們帶到管理階層跟前」。

　　假如像 Google 這種創新、以績效為依歸、資料導向的工程師公司去檢驗它的假定，並發現強大的管理技巧與輔導能力是至關重要的成功指標，這對於其他成千上萬想要讓員工充分發揮所長的經理人和公司就饒富意義。把這項結果再往前推一步，對於你所管理的每個人，你知道要怎麼當個好教練嗎？新的挑戰在於，**對於帶著不同的鏡片來到工作環境裡的人，你要了解他們形形色色的需求。要連結、主動出擊，而不要等著員工來縮短彼此的鴻溝。**不管你做什麼，都不要對人員「放牛吃草」。

通曉型領導人側寫：劉唐恩——以大方的精神來拉近鴻溝

人生中有施予者，也有受贈者。唐恩（Don Liu）就是施予者。

　　如果有任何人認為領導人需要輕聲細語、溫文儒雅和避免衝突才會是稱職的斡旋者，這裡有個人就打破了這條規則：魅力四射的劉唐恩，有很多人稱他為「唐恩仔」，他是全錄（Xerox）的資深副總裁、首席法律顧問和大將。從任何標準來看，唐恩都是意志堅強的領導人，個性強硬，是動作快到讓人得拚命追趕腳步的人。但他把這種強硬結合上對自己的高度明瞭，能跨越障礙來溝通，而且在時間和精神上都是無私又大

方。有一位在他手下工作的律師說，唐恩對她的工作面試是她所碰過最難的，但等她拿到這份工作後，他就讓她無役不與，從旁指導她，而且整體來說使她成了更優秀的律師。「他會有點強硬。」她笑著說。「而且渾身是勁。他在工作上也非常專注，不是那種會停下來閒聊那麼久的人。」她記得第一天進辦公室時，她就盯著收件匣看，因為裡面收到他所寄來的電子郵件不下於二十封。「我一開始就被嚇到了，因為他的強悍無人不知。」她坦承說。

「但他也是以會替你講話和行事公正而著稱。他對我很有耐心，並且會解釋事情為什麼非得怎麼樣不可。」儘管他既拚命又成功，但唐恩總是會留下空間給剛展開生涯的人，或是需要靠指導或額外協助來找到出路的人。

如今身為公司的資深副總裁，唐恩從祖國南韓移居到費城西區的貧困街坊時，還只是個十歲的小孩。頓時來到新世界的唐恩練就了戰鬥的本領，因為要在環境中存活下來有賴於街頭的臨機應變，並知道要怎麼見招拆招。上小學時，唐恩被一個相當壯碩、強悍的小孩毫不留情地盯上，直到唐恩死不退讓並正面迎戰他的那天為止。他對那位同學說：「假如你再敢動我，我就宰了你。」唐恩從頭到尾都沒有傷害他，但他的感情中展現出了激情與強硬。霸凌就此終結。

大概是靠著同樣的動力，唐恩從哈佛大學一路念到了哥倫比亞法學院，後來更成為某財星五百大公司歷來所聘請過最年輕的首席法律顧問之一。唐恩從來不必為自己辯護的一個地方就是家裡。他形容他母親是「虎媽」的相反。她總是在自己的朋友和同儕面前誇讚他，以致於唐恩從來不想讓她失望，反而促使了他去迎合她對他所描繪的形象。他打從心底感受到，她是多麼真心地相信他和他的能力，並用讚美的話來激勵兒子盡心盡力。從這些累積下來的啟示中，唐恩成長為一個冷面而嚴格

的老闆，並用母親曾力挺他的方式來保護他的團隊成員。他也真心相信他的團隊成員，既力求卓越，又期待團隊的優異表現。根據各方説法，他都是「死命保護」。他是如何成為優秀的經理人？有一位過去的員工坦承，唐恩「在法律上才思敏捷，他是我這輩子所看過其中一位最強的首席法律顧問」。但他之所以出類拔萃，靠的是對卓越的追求，以及相信他們全都做得到。「他要我們大家都更好。」另一位附和説，他是個強悍的老闆，「可是他不會要你去做他自己不做的事。」

唐恩就跟大多數通曉型領導人的同儕一樣，很懂得展現這種無條件正面關懷，也就是無條件接納已贏得信賴的人，即使（尤其）是在風雨飄搖和最脆弱的時刻。當員工貿然行事甚至是因為簡單的疏失而使團隊受累時，這最能考驗領導人的本性。有一位過去的員工是年輕的女性律師，她講到自己還是個新來、茫然、非常嫩的律師時，有一次她把報告的部分內容委派出去，後來卻發現拿回來的數字不是百分之百正確。當它一發出去，唐恩便收到反應説，報告中的明細有誤。唐恩一開始並不曉得她有把工作委派出去；此外，她也沒有校對文件。有些經理人會大吼大叫，或是拿沒有經驗的律師來當犧牲品，唐恩則是給予接納和學習的機會。他為同儕的錯誤負起責任，然後把她找來問是怎麼回事，並把問題處理掉。

「噢，真是見鬼了。」他到最後對她説。「這沒有違反證交會的規定，只是有誤而已。」他令她安心的反應縮短了權力鴻溝，使她在為錯誤道歉後能重新站起來，並專心拿出更好的表現來往前邁進。他所展現出來的就是相信她的學習與改善能力。

事實上，唐恩對自己的錯誤非常坦誠，對新員工與新同事照樣會分享自己比較脆弱的時刻、自己的背景，以及自己所學到的教訓。在唐恩

擔任董事的某家非營利機構，它的執行董事在危機時找上了他。她捲入了一些人事上的糾紛。唐恩在勸告時坦言不諱，這位董事要關注自己的風格以及和幹部的關係。但他也分享了自己的一些挫敗，好讓她在正軌上充分發揮同理心，並投入必要的時間來修補重要的關係，而不要受到她的問題所干擾。

明瞭自己並且很投入韓裔社群和更廣泛的亞裔社群，唐恩絕對以自己的出身為榮。眾所皆知他投入了無數的時間來指導年輕律師，不吝惜奉獻自己的知識與時間，免費對組織演講，並帶著明確的尊崇感與使命感來代表社群服務。他是卡康斯特公司（Comcast Corporation）亞裔美籍多元諮詢委員會的副主席，之前擔任過「全國亞太裔美籍律師協會」（National Asian Pacific American Bar Association, NAPABA）「內部法務委員會」（In-House Counsel Committee）的主席，並推動了「內部指導計畫」（In-House Mentoring Program）和其他的貢獻。全國亞太裔美國律師協會把它第一座與唯一一座的「代表人物獎」（Icon Award）頒給了唐恩，以表揚此人「透過傑出與無私的奉獻和領導來推動……使亞太裔美籍律師社群的理想獲得了重大進展」。

但他幾乎對周遭的每個人都能拉近鴻溝，這大概才是唐恩最厲害的地方，並使他成了真正的通曉型領導人。「他不會被『分析癱瘓』（analysis paralysis）給絆住。」有一位同事說。「他不會羞於表達意見，但他能避免讓局面流於個人，並專注在對組織有利的事情上。」他也會讓共事的人對他有充分的了解，公開分享本身的個人背景，並促請別人比照辦理。最近聽説有一群人會固定舉行「淑女午餐會」，唐恩便宣布他想要參加。他的出席完全沒有讓午餐掃興，唐恩表現得恰如其分，聊到鞋子與政治，看在場女性的眼色行事，把彼此間的鴻溝一掃而空，並跟她們打成一片。他知道什麼時候該強悍，什麼時候該坐下來傾聽，而

最最重要的大概就是能把法律要點轉化成其他部門聽得懂的語言，以用來增進公司的利益。在他之前待過的一家公司裡，他曾和公關及行銷部展開對話，因為他想要釐清公司的核心訊息。這種同心協力奏效了，因為他不排斥他們的想法，並且會包容錯誤，而不是把合夥關係建立在他的面子或擴張地盤上。不是律師的人稱讚他既能以日常用語來溝通想法、觀念和法律議題，又能「真的放下身段去向其他部門學習他不懂的事」，此舉則使他贏得了上上下下的尊重。

事實上，唐恩有許多同事都告訴我們，比起跟其他的律師共事，他更擅長和非律師共事。而且他能滿口生意經，就跟做銷售、行銷和營運的人一樣。這種本事使他懂得針對公司最關切的法律挑戰來解譯商業議題。

你不僅能**拉近鴻溝又同時強悍**，擬訂各式各樣的策略來管理與不同關係人的鴻溝也會是成功的關鍵所在，像劉唐恩就一再證明了這點。

駕馭與同儕的權力鴻溝

潛力團隊全都有科層、職掌和個人的差異，它既是優勢的來源，也是問題的來源。

——瓊．卡然巴哈（Jon Katzenbach）、道格拉斯．史密斯（Douglas K. Smith），《團隊的智慧》（The Wisdom of Teams）

「同儕關係」並非全都是生而平等。事實上，就跟經理人和部屬一樣，同儕的動態也有既存的權力鴻溝必須經過協商，我們在完成工作時才能取得所需要的資訊、資源與關照。身為領導人，各位不僅要能縮小與上司及轄下人員的鴻溝，還要格外善於橫向管理，針對同儕以及在組織的其他職掌中工作的人來磨合，案子才能往前推動。事實上，把磨合的原則應用在與同儕共事上有一些直接的好處，無論你是在負責大型的跨職掌案件，還是企圖在組織上下提升人際關係的品質。有效管理和同儕同事的鴻溝所具有的優點包括：

- 使你能維繫在科層中的地位
- 在組織中結盟
- 促進更穩固的團隊關係
- 建立公信力與本身的文化資本
- 確立你是領導人

縮小和同儕鴻溝的藝術有部分在於，**要辨別出權力鴻溝在特定情況下的精確動態**。有些同儕關係在表面上可能看似平等，兩人都有同樣的頭銜、同樣的職級，或許歸同樣的老闆管，但所呈現出的溝通和文化觀點卻是天差地遠。加上文化、性別或世代的差異，你所要管理的權力鴻溝更加寬廣。除了這種直接的同儕關係，還有三種同儕次團體也會形成權力鴻溝：

職掌同儕

你們或許是在同樣的職掌團隊或部門中工作，並擁有同樣程度的經驗與專長。

「狄米崔」和「薇玲」是跨國軟體公司的開發經理，在公司的驗收測試小組裡有直屬的同僚，等他們完成產品的開發階段後便接手軟體產品。「曼尼許」和「帕德瑪」則是同一家公司裡主要的測試經理。他們常常經手同樣的產品，但卻是在流程的不同階段，目標和目的也不同。這兩組的領導環結不時因為優先順序和截止期限的衝突而產生摩擦，於是雙方便開始在工作上對槓，而不是一起追求共同的目標。

年齡團體中的同儕

這些是跟你同時進入公司的人，而且大致上屬於你的年齡層，雖然從你們應聘以來，有的人或許在組織中爬升得比較快。你們或許共有許多相同的價值與外在興趣，但卻任職於公司許多不同的層級，身分位階也各異。

「羅勃特」和同僚「理查」在公司是從同一年幹起，他們培養了緊密的同梯關係。不過隨著年歲推移，羅勃特晉升得比理查快，直到他跟他的朋友不再是同事那天為止──他成了他的老闆。雖然他們一開始是同儕，但身分的變化帶來了態度與期望上的差異，所以兩人都需要加以深究才能建立起成功的新關係。

職級相同、職掌專長不同的同儕

你們的經驗度差不多，或許都有相同的頭銜（例如全都是經理、主任或資深副總裁），但你們是在不同的部門或單位工作，通報結構和優先順序也不一樣。

「阿福」是一家大型金融機構的人資主任。他獲派為公司大型重組案的共同專案經理，跟他搭配的則是不同業務別的行政主任「珍妮佛」。他們奉命要共同帶領削減開支與縮編作業。這要跟領導高層非常密切地

經驗度
相同

年齡層
相同

職掌經
驗相同

縮短與不同同儕團體的鴻溝

配合，以引導裁員流程，並確保這項困難的流程處理得審慎而仔細。珍妮佛是跟阿福同時應徵進來，所以在職掌上屬於同儕，但她在管理人力縮減／裁員上比較有經驗，因為她以往有過掌管員工關係的經驗，並受過法律訓練。

在專案的整個進行期間，阿福都是讓珍妮佛去向管理階層報告縮編作業的進度，因為他假定她已經具備這些關係，並把兩人在做什麼持續向他們回報。到專案結束時，高層事業領導人對他幾乎是一無所知。他為什麼不多露臉一點？「我覺得珍妮佛總是有很多事可以教我。所以我就聚焦在專案的其他層面上，像是人力規劃分析，而和事業負責人的管理互動就交給了珍妮佛。」阿福說。「回想當時，她應該要多花點心思讓我跟所屬事業受到裁員衝擊最大的事業單位營運長打照面。但話說回來，我也可以多花點心思更直接地對事業單位的營運長採取主動，並且可以更積極地促成這些討論，無論她有沒有把我引見給他們。」在談到他的共同專案經理時，他對我們說：「在和最大事業群的負責人互動時，

珍妮佛是主角，因為她在不同的案子上和他們共事過。她並沒有找我去那些會議，可是到最後，中槍的卻是我。事業群的負責人根本不曉得我是誰，後來他就跟我的經理說，我沒什麼貢獻可言。」

結果在他的經理眼中，阿福便失去了公信力，他也失去了重要的成長機會。就算他的「同儕」珍妮佛對這種案件的經驗比較老到，並且知道要取得不可或缺的資訊來推動作業的對象究竟是誰，他還是可以採取主動並直接聯絡事業單位的營運長，以便和他們建立關係。如此一來，無論她是在保住地盤或者純粹是獨立作業，阿福都會出現在台面上。回想當時，他要以不同的方式來和珍妮佛以及所有事業單位的營運長培養關係才對。可是這麼做有違他最初的直覺。

對於同儕在縮短鴻溝上缺乏磨合來互相折衝看起來會是什麼樣子，阿福的心聲可說是警世良言。當然，誠如阿福所說，他的共同專案經理可以針對阿福來磨合。她可以在過程中自願指導他，或是由她來帶頭但要他扮演較為吃重的角色，好讓他下次能有更好的準備。我們總是告訴領導人，要假定他人是有正面的意圖，但有時同儕就是會設法為自己爭取目光並食髓知味，除非你站出來為自己發聲。因此，一如為了更有效的團隊合作，學會針對同儕甚至是和你競爭的人來磨合，這就跟經理人針對員工來磨合一樣重要。長期來說，能橫向往來的人會比較成功。你會遇到比較少的挫折，和上司及周遭的人建立起比較好的溝通，並獲得比較好的工作成果。此外，大部分的大公司都訂有某種形式的同儕審查，或是全方位反饋流程。這表示同儕也會評鑑你，並針對你和團隊裡的其他人共事得如何來提供意見。

向下往來以縮短和員工的鴻溝可以證明，它對於跨越鴻溝和同儕往來同樣有效。把各位在上章所學到的相同磨合原則應用在你猜想或許有權力鴻溝的同儕關係上。假如對不同解決之道保持開放，設想正面的意

圖，並小心探索同仁行為背後的深層動機，它就會帶來更好的工作關係。

以狄米崔和薇玲為例，兩人是跨國軟體公司主要的開發經理。他們不僅需要努力來縮短與測試小組同僚間的鴻溝，他們還發現需要彼此磨合才能達到本身的進度。薇玲所負責的新軟體產品預定要在六個月內出貨，她趕不上截止期限則令狄米崔感到沮喪，因為他的工作要靠薇玲完成一部分的程式碼。薇玲所落後的進度會拖上好幾週，這甚至還沒把做不出來給算進去。狄米崔終於再也忍不住了。

有第三位團隊成員建議他寄一封「最後通牒」的郵件給薇玲，並副本給老闆。這樣的話，假如日期有所延宕，狄米崔起碼不會受到連累。但狄米崔選擇了不同的解決之道。狄米崔安排了和薇玲一對一，並猜想假如和薇玲單獨談談，而不要有老闆或團隊在場，他或許能得知更多的資訊。

他解釋說，他擔心趕不上出貨日期，並想說對於案件中屬於薇玲的部分，自己能不能做點什麼來幫她一把，因為彼此的工作會互相依賴。他發現她現有的程式碼出了大紕漏，而且在團隊會議中提出這個大問題令她感到不自在。她告訴狄米崔說，她覺得把它釐清並讓案子回到正軌上是她的份內工作。這就是為什麼她並沒有針對延期來向他或別人解釋。

狄米崔原本以為是逃避責任，實際上卻是薇玲打從內心深處相信，錯過截止期限是她要解決的問題，而不是藉口。在比較了解詳細的情形後，對於薇玲可以如何解決問題並把工作延續下去，狄米崔便得以提出想法。他還問到，他們能不能一週開一次進度會議，就他們兩個人，好讓局面步上正軌。最後，產品則在他們的通力合作下準時出了貨。

是同儕還是競爭對手？

當你和同儕在同一位老闆手下工作，而且有不言可喻或明顯的需求

要區隔出自己表現得比同事出色時，這會格外棘手。人經常是一個角色要身兼多職：你們雖然在同一個團隊，並且被期望要和別人好好相處，但你需要從同儕中脫穎而出的期望還是存在。你們不但是同事，也是競爭對手。有些公司是透過排名或分成五等級來評估績效，由人資部門以此流程來確保明星員工能獲得升遷、分紅和配股，而排名墊底或倒數20% 的員工大概就準備走路了。在這些體制中，就算你真的表現不錯，可能還會是發現自己在最底層，因為相對於你所要比較的對象，你表現得並不出色。在這種壓力下，同仁的競爭可能就等於搶走你的飯碗，所以主動伸手來縮短和同儕的鴻溝看起來可能近乎於違背直覺。

不過，我們相信很重要的是，各位從一開始就要確實定調，關係要如何進展。假如你能把預備問題應用在開始與新同儕共事之前，並以主動出擊的方式及早致力於拉近權力鴻溝，你們的工作關係就有比較高的機率能從嚴峻的公司政策中存活下來。即使關係後來碰到了競爭或政治壓力的考驗，它還是可以補救。

以之前所提到的羅勃特和理查為例，在羅勃特成為理查的老闆後，羅勃特自以為對理查的感受和動機瞭若指掌，因為他們並肩共事了這麼久。事實上，當他升任為理查的上司時，他便期望理查能在他的團隊中扮演要角。不過，羅勃特很快就意識到，自己低估了職位的變動讓理查有多難受，而彼此的權力動態轉變得有多明顯起初也令他措手不及。所形成的權力鴻溝大大改變了他們的關係，儘管兩人在公司是同時起步，長年來也共有過許多經驗。羅勃特開始注意到以往所沒有的不自在和緊張的跡象。

羅勃特閉口不跟理查談到這個話題，這肯定是難以啟齒的事。但他也知道，他不能假裝沒這回事，並指望理查會不請自來。這會損及他身為領導人的公信力，並傷害到整個團隊。他坦誠面對了自己的同事，而

且當他開口討論時，理查顯然鬆了一口氣。「我以為我對這點能看得開。」他對羅勃特坦承說。「可是十年了，我還在一開始所待的同樣位置上，你卻升了五級，這件事讓我很難嚥得下去。」羅勃特意識到，他們不再是同僚了，他們需要從頭建立新關係來把這點考量進去。羅勃特花了很多時間重建這層關係，理查也成了他在團隊中的重要摯友。到最後，他們所分享的坦白對話以及為了彼此磨合所投入的時間得到了回報。

信賴在他們的關係中獲得重建，理查到頭來更成了羅勃特團隊中的台柱。當他退休時，他告訴羅勃特說：「對於我的生涯會在哪裡結束，我要謝謝你為我帶來了平靜。」

建立新的關係和累積這種信賴不會在一夜之間發生。重點是要記得，**就跟變成通曉型領導人一樣，如果要對覺得嫉妒、遭到背叛、生氣或忿恨的同僚建立信賴與溝通的新路徑，強大的韌性與謙卑就不可或缺**，尤其是明知自己什麼都沒做，只是努力工作和表現優異就引發了這種感受時。假如你能有所作為，在關係的和解上或許就會有所收穫。對同僚磨合有賴於在對方可能會有什麼感受上發揮敏感的同理心，尤其是對你的職位或權威感到忿恨的人，還要有成熟的情緒以及對自己的能力有信心。通曉型領導人知道，磨合並非示弱，反而是勇敢的表現。

尤其是在對同僚磨合的情況下，強調技巧與通曉型的同心協力而不是盲目爭權的領導風格會帶來比較好的結果。這會與傳統的看法背道而馳，尤其是在競爭激烈的環境中，因為它會刻意讓同事互相較量，以激發出每位員工的最大本領。**女性往往比男性同僚要偏愛同心協力的風格，同僚磨合則給了她們機會把這種差異化為資產。**

莉莉是一家國際美容公司行銷單位的年輕女性，在職場上老是碰到行銷和創意單位之間的摩擦。行銷單位對宣傳活動有個構想，或者也許甚至會搭配一位大人物，創意單位就會照自己的方向來發揮構想，所做

出來的大樣也不符合行銷團隊的期望。這是一觸即發的完美態勢，行銷和創意單位都在為了掌控最後的宣傳活動而較勁。但莉莉告訴我們，她的老闆是親手解決問題的高手。她找創意單位來開會時，並沒有把問題說成是創意單位的錯，而是從他們全都是一體的角度出發。需要力推的宣傳活動會搭配一位大牌名人，她問說，他們要怎麼樣才能一起做到這點，以及創意單位能怎麼幫忙這次的宣傳活動成功？到最後，創意單位前來參考了行銷單位的觀點，但重點在於它是一場同心協力的行動，而不是鬥爭的輸贏。副總裁以非常有效的方式發揮了同心協力、以團隊為基礎的風格，使他們的觀點得以涵蓋進去。

年齡會在權力鴻溝的動態中扮演某種角色

年齡和世代的差異都會造成同儕之間的不對等與權力鴻溝。年齡、年資和頭銜被用來區隔勞工，並構成了高情境科層式文化的重要部分，像是在大型的跨國公司或世界各地的本土文化中。在這些環境裡，大學以後自然就會在明訂的升遷軌道上前進。在這些組織中，你不會跳級；尊重是伴隨著年齡與年資而來。以韓國為例，尊重是來自你從大學畢業的時間；而對男性來說，它則是來自服完義務役，以及被用來稱呼年長同事或上司的尊稱。

「黛安」是一家大型金融服務公司負責多元與兼容的資深副總裁，她太清楚世代群體之間會存在著權力鴻溝。她的團隊探究世代差異特性的方法並不是從絕對年齡的角度出發，而是側重他們在獨特文化觀點和價值上的差異。在她的經驗中，Y世代、X世代、嬰兒潮世代和傳統派全都有相異的觀點和不同的做事方法，並建立在本身的價值體系上。

「我們不只是在孟買或秘魯需要跨文化的能力，就是在美國這裡也要。」她說，並連帶談到她的組織是看它在全球的團隊中如何運作，然

後把這層鏡片應用到美國的多元性當中，包括世代差異在內。黛安是從櫃台出納展開她的生涯，然後升任到管理職，並在信用風險管理集團工作。黛安把權力鴻溝和世代的「文化」差異視為她的風險管理背景可以派上用場的「經營問題」。「為了盡量降低風險，我們需要擴大接納與善用員工人口結構的變化，同時充分了解客戶的需求。」黛安的故事也一針見血地剖析了各個世代，以及消除疑慮並針對比你年長或年輕的同儕來橫向管理的策略。

傳統派 vs. 千禧世代：多個世代並肩共事

黛安在轄下地區的零售分行所面對的是隔閡很深的從業人員。在她的銀行裡，有超過 71% 的櫃台出納是千禧世代，包括很多兼職工作與學業進度配合完美的大學生在內。另一個渴望兼職工作的人口結構群在銀行人員當中也形成了人少但聲音大的少數族群：七十歲以上的退休傳統派員工（她稱之為老將）。一般的科層都是由較年長的員工管理較年輕的員工，但在這個例子中，有不計其數的情形卻是由千禧世代管理嬰兒潮世代和傳統派，儘管彼此間有著顯著的年齡差距。他們在職掌上也是在同一間分行裡工作的同儕。打從在一起工作之初，雙方便覺得（並表現得）彷彿毫無共通之處。隨著時間過去，兩個世代的勞工不斷看到彼此，緊張也逐漸升高。到最後，分行經理以及千禧世代員工／傳統派本身的回應都指出，有增無減的緊張深深斲傷了他們在分行中並肩共事的能力。

傳統派的反應

較年長的勞工抱怨說，當 Y 世代的櫃台出納前面沒有人在排隊時，年輕的員工就一直在看手機或傳簡訊。他們指控年輕的員工缺乏「基本

的禮貌」，因為他們很少對客人微笑，眼神也沒有一直接觸。在傳統派看來，這有違客服入門的基本戒律。儘管如此，年輕的勞工還是要求趕緊升遷，並獲派比較有趣的工作任務。銀行的分行政策會給新員工九十天的考核期，以看看要不要把他留下來。而在試用期還沒滿的時候，其中一些年輕員工就已經要求升遷了！

Y 世代的觀點

「較年長的勞工對於現代科技的運作方式毫無概念！」千禧世代反駁說。他們對經理抱怨說，較年長的同事永遠都在招呼每位客人、聊孫子的事、問候另一半的健康情形，或是講到客人的狗。他們看到了人才也分辨不出來，千禧世代說。當較年輕的勞工追求升遷或是要求提高工作規定中的責任時，較年長的勞工就只是要他們等，對於為什麼不可行的理由卻不加以解釋。他們需要慢慢熬才行。

他們如何互相折衝？

有趣的是，兩群人的偏好與價值對於顧客的影響都是利弊互見。靠著及時運用新的線上銀行科技，Y 世代的櫃台出納能幫忙解決顧客在銀行業務上的眾多需求，並有效率地銷售產品。顧客來到櫃台出納的窗口前時，他們也很懂得從電腦裡叫出線上的銀行業務記錄，以立刻為顧客提供較有效率的方式來辦理銀行業務的交易。不令人意外的是，他們的交易量和效率值都很高。不過，千禧世代的客服值卻比較低。較年長的櫃台出納則是擅長運用個人化、關係取向、熟識本人的風格。由於他們對本身的熟客網瞭若指掌，因此便能事先評量該不該推出船貸或車貸，或是其他的銀行產品。他們的交易量數字或許比較低，但客服評等始終都被評為優等。

這兩群櫃台出納是並肩共事，但對彼此卻變得極為不滿，並且看不到彼此的優點。領導階層必須插手，這樣才能鼓勵這兩群人一起設法來因應世代的價值、假定與判斷，並讓年齡差異的細節在一開頭就成為會談的主軸。黛安那群人成立了論壇，兩群成員都有機會公開和對方探討各世代所展現出的正面與負面特質。雖然第一步不是由自己踏出，但把兩群人找在一起後，他們就能開始縮短彼此的鴻溝。他們終於能看到並聽到對方覺得自己是如何，然後透過訓練來放下自己的判斷，並開始學習在零售分行中和對方並肩共事時，設法好好利用彼此的優點。

透過這個過程所得到的下列觀察有助於呈現各世代的價值判斷：

嬰兒潮世代尊敬權威，即使對於掌握權威的人並不尊敬也一樣。

X 世代的人希望能為自己的意見發聲。只要得到了這個機會，他們最終就會照著管理階層的指示來做。

對 Y 世代來說，重點則是要說真話。他們想要聽到決策或主觀判斷背後所有的理由。假如動機看似真切，他們就會配合；假如這只是政策，等於是「因為我說了算」，那這就會被解讀成壓根就不尊重而遭到他們抗拒。

黛安和所屬團隊的努力幫忙打造了更加兼容的工作環境，任何年齡的櫃台出納對於與他人共事都能感到更加自在。對這個零售銀行單位來說，這是學習過程的開端，黛安則是率先說出，假如要把這種對於世代差異的「文化意識」灌輸到新人身上以及組織的整個文化中，肯定還有更多的事要做。她的零售銀行分行如今有個平台可讓人員不斷向彼此學習，並真正重視每個年齡的櫃台出納所能帶給銀行的貢獻。就組織上來說，他們讓跨世代的同事更容易了解各世代相異行為背後的動機，使員工更容易彼此橫向往來，並善用不同的技能組合來提供一致與全面的顧客服務。

賦予頭銜

職銜的存在就意謂著科層。它在大多數的公司裡都是被訂立來表示員工的經驗水準與年份，並幫忙領導階層區分各種工作類型／職掌的專精度。泰半來說，「財星五百」規模的組織幾乎每家都設有職銜。無論你的頭銜是分析師、經理、董事、資深董事、常務董事、總裁、合夥人或副總裁，每一個都意謂著科層結構、權威與權力。所感知到的權力差異可能純粹是建立在頭銜的差異上，而無關乎你實際具有的決策權威。

由於頭銜有強制與昭告的力量，所以把它授予表現優異的勞工也是不花錢的津貼和獎賞。即使沒有連帶調整責任或薪資，光是新的頭銜可能就足以在主要還是肩負同樣工作的前同儕之間形成權力鴻溝。高權力鴻溝的客戶和同仁或許會根據姓名底下的那行字而自動給予較大的尊重與權威。

我們的建議呢？好好享受顯赫頭銜的尊榮，那是你拚來的！但要特別留意被你拋在腦後的同儕所產生的任何衝突感和緊張。就像在本章稍早的理查案例中，假如你能想辦法把他們找來並縮短鴻溝，你在組織中的經驗就會更能發揮出那麼大的作用。

結交同儕盟友

「崔希」是華裔加拿大籍的企管碩士，在英國有過國際行銷經驗。她去中國工作時，其他擔任行政和支援角色的女性對她都很冷淡。領導高層很尊重崔希的工作，但年齡相近的女性卻看她不順眼，因為二十九歲的崔希在紐約和德國都已經待過大公司，管理過全球案件，擁有高學歷，並且會說三種語言。崔希大可試著不理會這些女性（或者以更激烈的態度），並專心與其他尊重她的經理人往來，畢竟她並沒有做什麼傷害到她們個人的事。不過，如果要在職位上做得稱職，崔希就需要這些

共事女性的支援。她必須幫助她們跳脫嫉妒與不自在的感覺。

崔希是靠以下這些步驟來縮短鴻溝：

1. **帶出議題。** 一如磨合型領導人需要對他所要縮短鴻溝的員工跨出第一步，你也要主動對同事伸手。問過前一章的三個預備問題後，就要敲定行動計畫並跨出第一步。在崔希的例子中，她請了其中一群女性來參加她的非正式午餐會。把會談移出辦公室有助於緩和面對面的氣氛，使它比較不像是正式會議，而像是聯誼會。一旦打破了原本的不自在，她就能和一些女性展開品質更好的會談。

2. **以謙遜的態度來展現縮小鴻溝的意圖，以及向他人學習的好奇心。** 崔希的同儕一開始看她不順眼，是因為她年紀這麼輕就具有跨文化的通曉度，又能直通本土的領導高層。雖然在表面上，她和這些女性同屬華人血統，甚至會說她們的方言，但絕對有不言可喻的鴻溝需要拉近。和她們建立信賴有一個重要的關鍵方法是，對她們說明她真的需要這群人多大的幫忙，以細膩地扭轉權威的氣息。讓她們齊聚一堂後，崔希告訴她們，自己有意和她們建立穩固的工作關係，接下來便解釋了自己的角色，最後更特地解釋她們可以如何幫上忙。後來當她們一起在做案子時，她也繼續提供協助。

3. **爭取盟友與分享權力。** 解釋完其他這些女性對她完成工作有多要緊後，崔希便開始吸收盟友，並把這些女性延攬到她的團隊中。她請其中幾位女性去支援接下來她被派去帶領的案子，她還利用自己的教育背景和經驗來幫助女性同儕。由於她們渴望改善本身在中國境外的其他辦事處和管理階層往來時的溝通技巧，因此她便開始指導她們，後來還為其中一位前途看好、表現也大有進步的女性寫推薦信。

與男生打成一片

「凱特」是一家小型投資銀行的合夥人。她的身形嬌小，以她的年齡來說看起來很年輕，而且主要是跟男性共事，所以產生了更大的層層差異，彼此間所感受到的權力鴻溝也有增無減。這經常意謂著凱特在橫向往來上需要非常有策略，以針對同儕來磨合自己的風格，就算這表示要走出她的舒適圈也一樣。

長年下來，她摸索出了方法來與男同事共事，並建立了磨合的方式，好讓自己的話被聽進去，並在各式各樣的互動中堅守立場。「我不聊運動，也不打高爾夫。」她哀怨地說，並補充自己甚至不罵髒話，而這在所屬團隊的男性之間卻是展現交情的常見溝通術語。為了彌補這些風格上的差異，她對於每場會議都需要加倍來準備。她在生涯中比較年輕的時候，假如搭不上軟性的議題，她一定會用巧妙的方式來彌補，包括專注在客戶的關鍵資訊上，以及展現出對數字的信心。時間一久，凱特也必須調適自己的溝通風格，以便看起來更為貼近同儕，包括在凸顯自己的成就時更加公開、更有策略性，以及在溝通時更直接。

這不光是在組織內。他們在跟客戶初次會面時，凱特經常因為年輕的外表與身形而被誤認為她轄下工作人員的下屬，所以她必須培養比較直接的溝通風格來彌補那些讓人所感知到的差異，並對客戶發出明確的訊息說，她就跟同儕一樣能幹。由於她必須體察這些感知，並管理不管是對內的同儕還是對外的客戶是如何看待她，因此凱特所培養出的通曉度便有助於她管理與同事的鴻溝，也縮短了與客戶的鴻溝。她以讓雙方的結果都獲得改善的方式善用了自己與同儕的差異。

大體上來說，凱特變得相當懂得在頭一、兩次會面時就掌握到周邊、言談之外的客戶線索。有一天，她和公司裡一位較為年長、非常有魅力的男性資深合夥人要去拜會客戶。在會面前，她做了研究發現，這位客

戶的風格跟她的合夥人非常不一樣。不像她的合夥人是很健談，這位客戶擁有博士學位，而且在近期的媒體訪談中看起來是知性而拘謹，說話的步調非常緩慢而慎重。在這種情況下，凱特在經驗上對不同風格的了解對她就相當有用。她在直覺上就知道要怎麼跟這位客戶洽談；她的資深合夥人則會被自己咄咄逼人的銷售手法帶到錯誤的方向上。

首先，她在會面展開前分享了她所知道的事，以縮短和資深合夥人的鴻溝。她以手邊的鐵證向他提出自己的見解，並建議他針對這位客戶來磨合自己的風格。她解釋了把姿態放軟對會面的重要性，以藉此讓客戶覺得比較放鬆。靠著事前所做的研究，以及把數據攤在合夥人面前，而不只是憑著直覺，她便得以說服他採取最好的做法。他聽從了她的建議，因而爭取到了這位客戶。

真正的通曉型領導人會想辦法跨越差異來對同儕橫向磨合，連在面對不滿與摩擦時也一樣。當以往是同儕的人後來被老闆與員工之間的鴻溝分隔開來，加上文化、性別或世代上的差異，關係就會變得複雜。橫向管理有時會演變成向下管理的局面。

當「賈姬‧麥克納布」獲得升遷時，有一位也垂涎這份工作的前同儕便大為光火。他公然有失尊重，甚至對賈姬說，她得到這份工作純粹是因為她是女人。在此同時，他也沒有善盡自己的職責。她告訴我們：「我只好說：『我很遺憾你這麼覺得，但我的資格才是我得到它的原因。我期待你做到自己的本分，而且這是責任所在。』」隨著他們繼續一起工作，她便在一對一時問他說，你想要怎麼做？你的目標是什麼？他還是想要她的職位，這股渴望從來沒有消失，他在這點上也坦誠不諱。她讓自己保持冷靜，並能就他的優缺點來對他提出建言，以協助他針對與她類似的職位來逐步取得資格。最後當她更上一層樓時，他已準備好要接替她。賈姬跟他歷經了不同的關係，從同儕、老闆到導師。她沒有暴跳如雷，

也沒有試圖開除他，而且到最後得以用導師的身分強調說，他需要更多的一些技能，並把他的成長連結上具體的行動與步驟。

經過證實有效的跨越鴻溝策略

跟同儕當朋友。

與身為同儕的人展開跨文化對話可能會是敏感的會談。真心說出「我可以從你身上學到很多」會大大有助於消除敵意，並讓你們在實質與象徵上屬於同一個團隊。讓他們知道你需要他們支持，並反過來問說你可以怎麼幫助他們。

推己及人並提供自己的技能與協助。

尤其假如你是高層人員，對於在學習竅門的同儕提供協助與輔助，你就能明確傳達出自己有多想把事情做好。

假如你是升等得比較快，那就針對你在新的職位上可以如何分享權力來分享自己的想法，以消弭嫉妒與競爭。但不要光說不練；不是說說就算了。有人支持了你的想法就要加以表揚，並經常給予回報。

評量自己的長處與短處：自我診斷

- 你會以什麼不同的做法來更有效地與同儕溝通？（採用廣義的同儕——年齡上的同儕、頭銜上的同儕等等）
- 想到過去的同儕關係時，哪（幾）種同儕關係讓你感到棘手？這些關係動態有沒有固定的模式？
- 你可以如何在同儕關係中培養善意並主動伸手，甚至是在衝突的情況下？
- 目前有哪些同儕關係讓你感到棘手？

- 你可以如何與不同的同儕團體結盟？

- 你在同儕團體中可以採取什麼步驟來展現對他人的支持？

和上司攜手並進

我們向客戶解釋說，這有如在為自己「找鏡頭」，或是給上司一個鏡頭來看待他們。

假如你不為他們這麼做，他們怎麼會知道你是誰，或是體認到你的獨特天賦與屬性？

假如你碰巧是在新創公司或小型辦公室工作，負責人是誰可能很難看得出來。人人都穿著休閒服，並在同樣的開放場所中工作。他們會共進午餐，可能會一起上健身房，並自動晃到彼此的桌前來發問。每個人儼然很容易就能見到老闆。雖然或許不是藉由獨立的邊間辦公室或行政會議室來表現，但連組織結構比較扁平的新創公司或小型商號都有科層或指揮鏈，以藉此形成決策。

　　在其他大部分的公司行號裡，公司的晉升階梯則兼具外顯與隱含的權力結構。為了在組織中往上爬，你要和組織中比你有權力而且職級比你高好幾等的人建立關係。假如你是執行長，負責的對象可能就是公司的董事會。我們全都有要聽命的人，此人要負責打我們的考績、准許我們升遷、替我們爭取下一個職位，或是駕馭企業的成長。不向上往來可能會使未來的生涯選擇嚴重受限。要是忽略了縮短與老闆的權力鴻溝（或是不曉得要怎麼做到這點），你在升遷上或許就會吃虧，或是意見不受重視。

由下而上縮短鴻溝的阻礙

　　對自己的風格與偏好有良好意識感的通曉型領導人會利用建立關係的技巧來向上管理，並設法縮短與對方的權力鴻溝。他們不會等著領導階層向下與他們往來。有時候這點會很難做到，因為上司所展現出的風格與你截然不同，或是以你並不熟悉的價值來運作。

　　有些員工表示對這項任務會感到不自在，並且不覺得「管理」老闆是自己的責任。有人相信對上級主動伸手是不得體或不恭敬，有人則認為這麼做代表極度順從，是有礙自己長期生涯的舉動。有的人並不想要向上往來，因為老闆看起來完全就是跟自己截然不同並且相去甚遠，他們也不覺得自己有「門路」或自然的方式可以打交道。我們在討論和領

導高層建立交情的重要性時，他們會問説：「我要跟他聊什麼？我們的交集少之又少。」還有的人可能是怕讓人覺得自己是想要拍老闆馬屁。

無論以往不想拉近鴻溝的理由何在，現在我們要告訴各位，它在職場上依舊是至關重要的技巧。向上往來不僅是可以接受，而且至關重要，尤其是在上司並沒有努力向下往來的情況下。與普遍的思維相反的是，向上往來不僅是在設法搏得好感，或是靠奉承來遂行所願。你的目標是要跟上級建立更真切的關係，使你們能達成互惠的目標。

美國主管會希望員工採取主動。員工這麼做就會變得很顯眼，並且最容易被找去接下重大案件、獲得好評，大體上也會受到重視。但適應必須雙向進行。對習慣自己和經理人之間要有較大距離的人來説，要縮短與上司的鴻溝或許會比較難踏出第一步。就算沒把老闆視為可望而不可及的最高權威，還是有可能尊敬、甚至是崇敬他。

克服與權威人物的「冷場」

湯姆是韓裔美籍的律師，目前在擔任餐旅業的內部顧問。他記得非常清楚，他的文化觀點是如何在法學院的課堂上、甚至是在他擔任執業律師的初期產生影響。「對於我在法學院的第一年所做的事，我稱之為『冷場』。每當教授點到我時，我往往就會陷入那種呆若木雞的時刻。而且我開始注意到，同窗的亞裔學生也有這種現象。其他大部分的人對於蘇格拉底式的教法都顯得很自在，也就是不斷質疑與分析你的觀點，並以健康對談的方式來回應。我對教授無比尊敬，而教授只是在盡他的本份：考驗你並激怒你，好讓你走進真正的法庭時能準備就緒。這種情況發生了幾次後，我便下定決心要解決它，並對抗這種『一被點到就退縮』的本能。在上課之前，

我會練習發言並陳述自己的意見。我會確定我對自己的資料瞭若指掌，並能以充分的信心來表達想法，好讓自己一站起來就能迅速思考。結果同儕和教授都對我刮目相看。」

「回頭來看，這要回溯到每次我在跟家父的親友說話時，我都會低著頭，微微鞠躬地說『Neh』（韓語中的『是』）。我從來不敢對他們回嘴，或是正眼看著他們，因為這樣不恭敬。所以這很諷刺。對我的親人來說，這樣的舉動代表父母把我教養得很好：恭敬。可是在美式文化中，順從就是軟弱！如今身為內部顧問，當外部法律事務所的亞裔律師來找我們開會時，我在他們身上也看到了這點。一受到我們挑戰，他們同樣會『冷場』，而且這些都是一流法學院的畢業生。在大多數的時間裡，他們都不缺才能或聰明；其中肯定有一些文化因素在作祟。從內部顧問這邊來看，這點相當不利，因為它會折損我們從對方身上所感受到的信心度。」

準備好接受挑戰

「在犯過同樣的錯誤下，經過了多年練習、本身許多的『冷場』時刻，以及更多的實務經驗，我才覺得比較有信心與人相處。所以到現在，每當我覺得自己似乎受到了上司、內部客戶或執行長挑戰時，我就會準備『見招拆招』。我可以趁早預測可能會讓人頭痛的案件和企業交易，並準備好以有信心的方式在正式的會議中回應。回頭來看，我體認到這份工作要付出時間與練習才能得心應手。如今我明白了管理上司的重要性，無論他們有多位高權重——執行長、合夥人、客戶。你必須了解的是，他們需要覺得自己能派你出去，並對你的能力有信心。每天在辦公室裡，你都必須『見招拆招』。」

不要把權威人物當偶像崇拜

　　體認到自己的老闆是凡人或許有助於縮短鴻溝，使你有空間與客觀性來比較準確地衡量他想要得到怎麼樣的應對和「管理」。把老闆捧為遙不可及的人物則會有反效果：這不僅保證你不會去找她並採取主動，還會對她所講的每句話太過在意。在那些獨立思考才是最重要的時刻，你會比較容易怯場，而不是在討論中理性思考。你會沒辦法想出便捷的解決之道或知道要怎麼回應批評，因為那太傷腦筋了。

　　你在思索要怎麼縮短和經理人的權力鴻溝時，會有幫助的是辨別要如何以恭敬的方式讓自己的話被聽進去，又展現出經理人所要聽到的說服力。

　　科技主管「賈姬‧麥克納布」坐上了某個職位，她的經理人也成了她的導師。他們擁有密切的工作關係，直到賈姬注意到一件令她困擾的事為止。在季度審查會議上，她覺得跟其他的幹部成員都是平起平坐，即使她在會議室的現場是唯一的女性。他們勢必會稍作休息。當男人一起走去洗手間時，他們會繼續聊公事。等他們現身時，賈姬便發現他們在議題上有所進展，或是趁她不在時有了一些決定。在找了她的老闆描述她所注意到的情況後，賈姬說：「我認為這不公平。你可以從兩件事當中挑一件來做：我跟你們大家一起去盥洗室，或者當我不在場的時候，你們就不准有那些私下的討論！」她的老闆很欣賞她的直率，她大膽的解決之道也引發了老闆關注。他明訂一旦離開會議室，大夥兒就不准討論公事，賈姬也得以再次全程參與。

　　賈姬是靠著大膽和運用一點幽默而縮短了與老闆的鴻溝。企管碩士「凱莉」在應徵證券公司的工作時，也泰然自若地應用了這項技巧。有人把凱莉帶進經理的辦公室後，便請她就座，以等他把會議室裡的會給開完。她從椅子上起身，看著牆上的照片，是芝加哥黑鷹隊（Chicago

Blackhawks）的動態攝影。凱莉對冰球絕對是一無所知；她只是猜想這個人是球迷。等經理回來時，她便提起他的愛好，並問他最喜歡的球員是誰，以打開話匣子。

　　現在各位有些人可能在想說，萬一我不是真的對運動感興趣，或者是對同仁或上司毫無所悉呢？這不是等於假冒或掛羊頭賣狗肉嗎？一切都要視你的提問策略而定。就算你對冰球毫無所悉，或是不關心老闆最愛的慈善事業，你還是可以因為他很著迷而展現出好奇心。接近愛好者並了解他們為什麼會這麼迷……不管它可能是什麼，這會產生感染力。你不必假裝對他們的嗜好感興趣，而是要對他們感興趣。像這樣以人為焦點自然就會把問題帶出來，像是吸引他們的是什麼？他們喜歡或欣賞的是什麼／誰？他們的動力是什麼？並給你切入點來打破起初的不自在，同時得以逐漸認識他們。

　　凱莉的策略是讓潛在的老闆「在面試我的時候覺得自在。我明白讓我覺得輕鬆不僅是他的本分，對他向上往來也是我的本分」。它奏效了。經過十五分鐘的冰球話題和說笑後，招聘經理已經覺得聘用她的機會頗高。他指著自己玻璃牆辦公室外的交易大廳問：「那你覺得我們公司怎麼樣？」愉快的氣氛已然成形：她開玩笑地笑著表示：「這個嘛，我看到那裡的女性並不多。」經理則回答：「這就是為什麼我們需要你呀！」

　　我們在第 1 章列舉的研究曾指出，招聘經理往往會招聘和提拔像自己的人，還記得嗎？在這個例子中，靠著縮短與面試官的鴻溝，凱莉得以建立起交情，即使冰球並不是他們的共同愛好。輕鬆打開的話匣子給了她空間來談論自己的長處，也使得招聘經理在和凱莉互動時比較放鬆。

展露並提出自己的獨特價值

　　當指揮鏈中層級比你高的人願意對你向下磨合時，那再好不過了，

尤其是在你擁有規範以外的才幹與技能時。

　　不過，**你不能老是等著老闆對你向下往來，以便把那個獨特的領導機會特地留給你，或是一眼就看出你可能會如何為組織帶來最大的貢獻。假如你有潛藏的技能和才幹，或是體認到自己和老闆之間有權力鴻溝，那當你能向上往來並縮短鴻溝時，你就會加速培養有益的工作關係。**各位還記得，在職場上的任何互動中，你唯一確定能掌控的事就是自己的行為和反應。而隨著彼此之間的權力鴻溝擴大，你連影響他人行為的能力或許都會降低。這表示你可能需要跨出舒適圈來向上管理，而且起初看起來可能會令人卻步。不過，你只需要設計出有效的方法來溝通自己的價值即可，以確保自己的貢獻受到肯定與欣賞。

為自己的傑作選擇適當的鏡頭

　　我們向客戶解釋說，這有如在為自己「**找鏡頭**」，或是給上司一個鏡頭來看待他們。假如你不為他們這麼做，**他們怎麼會知道你是誰，或是體認到你的獨特天賦與屬性？**約夏·貝爾（Joshua Bell）是位小提琴名家，在世界各地為場場爆滿的聽眾演奏時，地點都是美侖美奐，包括國會圖書館在內。他答應調整自己的「鏡頭」，以便為《華盛頓郵報》參與一場實驗。在 2007 年 1 月的一個冷天，貝爾直挺挺地站在華府地鐵站的外面，用 350 萬美元的小提琴演奏一些巴哈曾寫過最振奮人心的作品。他並沒有吸引到群眾，根本沒有什麼人駐足聆聽，但他倒是賺進了 32 美元。路人以為他只不過是平凡的街頭藝人，想要靠行色匆匆的通勤客來討生活。就跟貝爾一樣，你需要正確定位自己，才能讓上司明白你是珍貴的藝術品；向他們說明，他們正在看的是什麼。尤其假如你是出身自少數文化，那當

別人看到你時，他們就會不懂得要怎麼分辨自己看到的是什麼。為自己的才幹選擇適當的鏡頭，以幫助他們了解你，並對你有更好的定位。

縮短鴻溝的步驟

1. 去找你的上司，並準備好等下次與經理人聯繫時，自願展現出自己的某個方面。承認自己有與眾不同的地方，而且有的差異（外部的社群人脈、你所關切的非營利或社會志業、語言技能、家族或文化習俗）或許並非周所皆知。

2. 和經理人溝通自己的價值，並針對你會怎麼運用所具備的一些外部知識、技術和見解來提升自己的貢獻，把它連結上團隊、企業或公司目標的利益。說明你會怎麼運用自己的文化資本或獨到之處，然後為他們把點串連起來，以符合他們擴展業務的目標。

3. 踏出第一步來和上司展開對話（假如你不分享，經理人不太可能會從你的個人史中挖掘出這些獨一無二的經驗），並針對你的生涯發展把它納入更廣泛的會談中。

　　為了採取這些步驟來縮短和上司的鴻溝，你需要比可能感到自在的程度更外向一點。你應該要為實際的會談預做準備，就跟你為任何重要的商務會議預做準備一樣。假如定位正確，你的主動應該有助於消除經理人在討論差異時可能會感受到的不自在。在準備像這樣採取主動時，所具備的心態要跟有全新發現的企業家一樣。企業家會怎麼展露他獨一無二的特質？報酬就是伴隨這樣的風險而來。指出彼此的差異並自行提出，你就能讓上司有比較容易「參與」的方式來談論他們或許已經開始

注意到的事——你有某方面跟團隊中所有的人都不像。你們全都會覺得比較放鬆，並為下一步打下基礎，也就是由你為他們說明，你對團隊、產品或客戶可以發揮什麼作用。縮短和上司的鴻溝後，你就能掌控局面，並把彼此的差異定調為屬性，而不是扣分。

即使沒有人談到你的獨特價值或拿這點來問你，你也可以靠自行向上提供資訊來縮短鴻溝。比方說「對於我們的新行銷作業，我所參與的活躍女性團體或許會是不錯的傳聲筒」，或是「有種新的軟體程式可以用一半的時間就完成任務」。記住，你和職場上其他人的不同之處可能也會使你成為特殊的管道。你可能是顧客的代言人、與外在市場的連結、進入更大團體的「門路」，或者甚至是競爭對手令人料想不到的觀點。假如你跟不同的社群有所聯繫，你或許甚至可以針對需要比較多元的領域來幫忙徵才。

《哈佛商業評論》中由「人才創新中心」（Center for Talent Innovation）所做的研究〈你們當中的領導〉（Leadership in Your Midst）發現，少數族群主管在工作以外過著「隱藏」的志工生活要比白人主管頻繁得多，這不僅是在展現對所屬社群的倫理承諾，也能培養可轉移到職場上的寶貴技能。在接受調查的拉丁裔、非洲裔美籍和亞裔主管中：

- 有 26% 是在本身的宗教社群中擔任領導人
- 有 41% 在從事社會推廣活動
- 有 28% 在為貧困的年輕人擔任導師

例如文中表示，非洲裔美籍女性會花很多的時間來指導年輕人，並與非營利組織和董事會有極佳的連結，但對於把本身的志工職務帶到工

作上卻感到不自在。有些人覺得是因為自己所在的董事會並不屬於公司所認識的管弦樂團或其他大型的主流非營利機構，所以自己的志工時間不具有同等的分量。恰好相反的是，你的隱藏才幹、愛好或獨特服務可能會證明有非常了不起的特色，甚至是對上司有用。不要害怕和老闆分享這些事來建立與強化彼此的連結。此處的關鍵點在於，要辨別出你在哪些方面與眾不同，又能為組織的宗旨與價值、它的核心經營方向增進價值或是提升盈餘。

一般公認升遷準則（GARP）

在第 5 章時，我們曾辨別「一般公認升遷準則」的六個原則，並談到當下屬可能比較難以理解與實踐這些經過時間考驗的成功之道時，可以如何拉近與他們的鴻溝。這些原則也為向上管理以及拉近與上司的鴻溝提供了架構。

採取主動。

擬訂並提出問題，推銷新的構想，並設法向領導高層宣傳自己的概念。假如你比較屬於科層式，以這種方式採取主動起初或許會使你感到不自在。但假如預期是由你跨出第一步，你就應該考慮自己可以扮演什麼樣的主動角色來縮短與上司的鴻溝。

對自己的溝通風格展現信心。

說話要有說服力。把你在想什麼以及你是如何形成經營上的決策告訴老闆與同仁。溝通良好也是指你有多擁護自己（或所屬團隊）的立場。一定要以老闆所偏好的方式來溝通，並給他所需的資訊來最有效地把工作做好。「尤索夫」就是在這種情況下溝通不良的好例子，他請所屬

技術團隊中的一位成員來向他說明伺服器故障對客戶的可能相關衝擊。她卻給了他詳細到不行的逐字程式碼，並試圖以此來把它修好。他說：「我要的是兩個條列式重點。她的報告裡不僅沒有我需要的資訊，還因為她給我的東西鉅細靡遺，使我要緊盯著她對問題的處理方式。」

積極建立自己的人脈。

向上、橫向、向下以及在組織外建立關係會有助於你與上司連結。人常常要靠群策群力才能在做特定的案子時同時取得所需要的資源與資訊，在重要的作業上獲得支援，以及找出自己在組織內的下一步。（尋找和聯繫導師的實務概念可以在第 10 章找到。）很重要的是，不僅要認識自己的直屬老闆，還要認識高一、兩個職級的人，以及跨職掌團體的領導人。

「哈維爾」是一家大型保險公司的副總裁，他最早是在導師的建議下去接觸組織內職級較高的管理階層。在他的生涯早期，有一位經理人曾告訴他，執行長很看重聯合勸募（United Way）的活動。其中有個計畫是適用於高層幹部，而且必須捐獻到一定的程度才進得了執行長的視線範圍。捐款到了那個程度，你受邀參與的特殊活動就會滿場都是職級較高的管理階層。哈維爾聽從了建議，後來便跟執行長以及其他的重要贊助人建立起新的關係。在建立人脈時，不要忽略了像哈維爾這種有創意的機會，或是忘記了那些人或許握有聯繫上司的管道，其中包括導師還有助理及其他的配角。

管理老闆並展示自己的成就。

就跟老闆稱讚你表現出色一樣令人開心的是，假如你學會走進老闆的地盤，得體地指出自己最新的成就，並討論自己的生涯議題，你或許

更快就會看到更大的進展。基於美式企業文化的天性，員工會被期待要定期回頭與老闆聯繫，並尋找管理他的最佳方式。

主導自己的生涯發展。

在某種程度上，**你需要當自己的老闆。要基於策略來思考；鎖定並爭取自己在組織中的下一個任務。不要仰賴上司把接下來的那份夢幻工作交給你，或者甚至是知道你的夢幻工作是什麼。**

對歷練型任務說「好」。

有個不成文規定是，假如你想要在組織中節節高升，你就需要在不只一個職掌上展現出成功的本領。要注意拓展自己的技能組合，而且在生涯的重要時點上，要去爭取能使你走出現有專長領域的工作任務。這可能是指要接下特殊案件、全球角色，又或許是跨職掌的任務。這可能是指要透過學校或訓練課程來學習額外的技能。一定要能界定自己新學到的東西和所增加的專長，有可能的話則接下會對企業產生衝擊而且能見度高的案子。要時時留意經理人的首要之務清單上有哪些內容，因為這些項目或許會隨著年歲的推移而改變。

大衛・豪斯（David Howse）在 2004 年加入了波士頓兒童合唱團（Boston Children Chorus）的工作陣容。才過了五年，這位年輕的領導人便肩負起執行董事的角色來帶頭制訂策略、方針和節目的優先順序，並督導組織的運作。令人驚訝的是，他的執行董事角色是他第一次擔任正式的領導職。他把自己的非傳統途徑和大跳級歸功於，當他的創辦人／導師把他推向成功時，他說了好。「我在這個非營利機構裡還是新人時，他就主動向我伸手並自願幫助我。他在我身上看到了成為領導人的潛質，我則在他的提議下跟隨了他。」有很多人想要坐上大衛的位置，

以成為他經理人的門生。「我或許有主動伸手，但他是個大人物；在找他之前，我要先建立公信力才對。但他卻邀我共進午餐，並讓我很安心。他建議我身邊不要都是唯命是從的人，而要是說話坦誠直率的人。」大衛照著經理人的指示做，並在他身旁學習，最後便一路坐上了大位。

　　大衛看得出組織裡有另一位前途看好的員工裹足不前，便希望鼓勵與提拔他，就像他的經理人為他所做的一樣。他是以非洲裔美國人的身分接受正式的訓練而成為音樂家，這樣的經驗意謂著他在成長時對於差異的衝擊習以為常，因為你是受到與本身文化不同的主流文化所薰陶。當韓裔美籍的員工無法順利依照大衛的鼓勵去爭取更大的角色時，他便鼓勵他找一位教練，並試著幫助他了解自己的領導潛質。「他十分拘謹，不愛出風頭。我告訴他，當領導人要看為人的本質，而不只是看技巧或工作產出。這出乎了他的意料，因為他把為自己去爭取視為太過自私。」

定位：與上司縮短鴻溝的原則

- 建立與上司的關係連結，以非正式的造訪來討論工作與個人生涯發展的相關主題。

- 把你在工作上所面臨的挑戰告知上司。告訴他們，你正以什麼樣的做法來解決。強調你在哪方面能成為資源，或是部分的解決方案。

- 不要抱怨──發牢騷會使你被列入黑名單，否定卻拿不出辦法則成不了大事。

- 假如遇到嚴重的問題，而且沒有得到適切的回應，沒有足夠的資源，或是趕不上迫在眉睫的截止期限，那就要知會別人。

- 傾聽。要搞懂領導階層的需求以及他們首要之務的變化，對於他們的需求／疑慮／畏懼要很敏感，並以你可以如何增進價值來回應。在明訂的工作範圍以外，自願找地方來幫忙。

與保持權力鴻溝的老闆共事

有的上司會期望下屬只要聽話並照著指令做就好。有些或許寧可針對你的工作任務給予非常明確的方向／結構，對於你採取主動則不見得會那麼自在。無論他們選擇保持距離是因為覺得受到威脅與冒犯，還是因為他們本來就是這樣做事，假如你想要得到結果，那就要想辦法縮短鴻溝。提高你的正式程度會顯得比較恭敬，而且或許會使你得到所需要的「門路」。為了比較正式，你或許會想要在事前請求會面，配合他的行事曆，而不是靠特地造訪和自發溝通，並且要以刻意的舉動來尊重與承認上司的權威。

正式程度會導致權力鴻溝，尤其是對千禧世代下屬的老闆來說。向上往來可能會形成千禧世代勞工的特殊挑戰，因為他們一應聘就想要趕緊扛下高衝擊的任務，同時又覺得自己對於科層模式沒有像上司那樣的擁護感。你覺得準備好了，那為什麼不能承擔這份責任？假如你想要留在組織裡，你或許就必須強化自己的晉升計畫。記住，老闆固然重視主動，但他並不喜歡員工每隔五分鐘就晃到門前來問說，自己什麼時候能得到下次的升遷。我們並不是說你必須呆坐著不採取行動，而是說你們之間的權力鴻溝要靠你運用一些手腕。

Y世代的權威專家琳賽‧波拉克表示，Y世代的員工應該要體認到，「他們是新進的從業人員，並沒有培養出在職場上比較通行的職業『用語』和溝通風格。由於我們的文化多年來已變得比較不拘小節，因此他們對於別的事根本毫無所悉。但連在電子郵件中使用『嘿』，或是直呼別人的名字，尤其是在對方比較年長或期待被稱為『先生』、『女士』或『博士』時，這樣都會使關係受損。」比較年輕的勞工需要體認到，不同的世代對尊重的看法不一，並且要針對這點來調整。

確切來說，雖然一般公認升遷準則的第一條準則就是要採取主動，

尤其是對上司，但千禧世代在這方面要當心，因為他們在組織中常讓人覺得「太強勢、太急躁」。假如這就是你給人的感覺，那我們會建議你把身段和態度放軟，這樣你的期待與時間軸才不會讓經理人摸不著頭緒。不要在第一次會面之初就以「要求」來開場，一開始要逐步闡述自己的成就，並詢問有沒有可能在來年提高你的責任。在眼前的工作範圍之外，自願負擔已成所屬部門首要之務的課外作業，這種主動出擊的方式既為老闆解決了潛在問題，又能讓老闆看到你是如何溝通、決策和展現判斷力。在你的日常責任以外，它提供了更多的機會來和老闆建立自然的交情。要不然你可能需要在組織中有高階的贊助人能幫你爭取到你所鎖定的角色。除非看到相反的證據，否則就要假定上司是帶著善意。這常常全都是端看要求的方式（與時機），以及你願不願意為貢獻組織盡一分心力。

那你可以非正式到什麼地步？縮短鴻溝是成功的必要條件，但通曉型領導人知道，**你可以採取主動的程度是以老闆在日常互動中所偏好的正式程度為限**。假如你是新人，在被要求去從事具體的任務前，你或許並不曉得所屬團體認定的規範是什麼樣子。在決定自己應當採用的正式程度時，要把文化、性別和世代之類的因素給搞清楚。

大衛‧柯羅斯（David Cross）是在休士頓社區大學（Houston Community College）為組成各異的多元文化學生和教職員提供服務，他會視對象來改變做法，並能在情況許可下向下及向上磨合，以利用正式程度、結構和本身的敦睦之舉來幫忙定調。對於學生，他發現跟他們坐在非正式的場合讓他們放開來聊是縮短鴻溝的方法。「假如你不走入這些情況，並以開放與謙遜來對待學生，你的作為就不合乎學校的最大利益。我會傾聽，並設法滿足學生的需求。」不過，他常常被找去和行政人員以及校長開會。在這些會議上，大衛就正式得多，以藉此縮短和

上司的鴻溝。他總是穿著西裝，並且會為會議準備一組議題。大衛也會被找去安撫受挫的職員或接受申訴，這是他工作的一部分。在會見這群人時，大衛也要磨合。「你一走進去就要定調。你不能帶著軟弱感走進人人都氣沖沖的會場裡。」

有時候展現實力是必要之舉。退休中將朗恩‧柯曼（Ron Coleman）是美國海軍陸戰隊第二位非洲裔美籍男性，做到了三顆星的軍階。假如不是非挑戰一些上司不可，他並不會這麼做。「被派駐到日本沖繩時，我是個少校，聽命於某位上校，雙方卻不太對盤。我試著要尊重他，但根本沒有用。我要求跟他私下談談，並說道：『我就是這麼想的。我不喜歡你，你也不喜歡我。我要調職。』他假裝嚇了一跳。『我挺喜歡你的。』他對我說。我冒了很大的險把話說開，那可能會葬送掉我的生涯。」到最後，「柯曼副官」因為直言彼此關係的惡劣本質而得到了上校的尊重。「它在平和的氣氛中畫下了句點。我們把話攤開來講。後來雖然不是朋友，但我們把它擺平了。我們是以海軍陸戰隊和它的目標為重。」

假如你不確定對經理人要採取什麼做法才對，那就傾聽、觀察，並讓經理人來定調。在提出批評前也必須仔細觀察。小型鬆散式組織的經理人或許會說：「假如看到我走錯了方向，你可要大聲說出來！」另一方面，假如你是在論資排輩非常嚴格的組織裡工作，那在團體會議中跟上司唱反調或是質疑案件的方向或許就會自毀前程。用以下的問題來幫忙引導你的發展，以便對上司向上管理，並靠反思過去的經驗來啟迪想法與方向。

***

對自我與所屬團隊評量時的問題
- 在工作關係中建立信賴是誰的責任？

- 你能否自在地與上司展開會談，並應對困難的議題？
- 你能否輕而易舉地對上司提出想法與問題，並對於給予和聽取建言感到自在？
- 你可以採取哪些步驟來和上司建立更多的信賴？你可以藉由哪些舉動和倡議來幫忙你展開行動？
- 在和老闆／上司建立關係方面，你目前有哪些做法？

檢視他人的行動能補強你的風格與作為

- 老闆身邊有沒有人和他建立了穩固的信賴關係？他們是如何得到他的信賴？
- 在職業關係裡，你的上司最重視的是什麼？你可以如何以最容易被接受的方式來表示對此人的尊重？
- 在什麼樣的情況下，你曾有機會來縮短和上司的重大權力鴻溝？對於你的努力，他是如何回應？你從那個情況中學到了什麼？

　　對於認為自己必須等待或者這並不屬於本身角色的人來說，向上往來應該會讓人振奮，而不是令人卻步。連在非常科層的組織裡，採取主動對上司向上往來常常也能擴大學習與公開溝通。有些公司制訂了反向指導計畫來提供這種相互學習的論壇，由高階領導人與比較年輕或比較低階的員工配對。在這些搭檔中，雙方都被鼓勵去發問，自己給比較年輕的世代是什麼樣的感覺，反之亦然。對於組織中的新人在公司裡所尋求的是什麼，以及所要探索的領域，高階領導人可藉此掌握到常常不為人知的寶貴內情。

　　唐妮・李卡迪（Toni Riccardi）現在是「經濟諮商會」（Conference Board）的資深研究員，之前是資誠（PricewaterhouseCoopers）的首

任多元文化長，曾經在資誠的十三人管理委員會中占有一席之地，負責公司在全國各地的日常營運。她在整個生涯中都必須設法縮短鴻溝，尤其是在性別方面。「當我必須向高階男性說明艱深的主題時，所要做到最重要的事就是盡可能地直接與坦誠。這並非總是易如反掌，但領導人多半很難得到別人坦誠以對。假如你能坦誠得很細膩，你對這段關係就具有價值。」她在資誠當經理時，新來的人力關係主管要所有的經理人提供自己的履歷給他，卻沒有把自己的履歷和他所要管理的人分享。在節慶派對上，唐妮問他為什麼要這麼做，他回答說：「因為我想要認識大家。」她則回答說：「你不覺得我們想要有同樣的機會來認識你嗎？你在要我們的履歷時，有沒有想過要把你的寄給我們？」

他一聽就明白了，而且從那刻起，唐妮也成了他的諮詢對象。唐妮得以拉近鴻溝的方法是給他寶貴的建言，並讓他明白察覺到她的風格以及她是什麼人。他後來更成了唐妮的可貴教練。

通曉型領導人側寫：小厄比・佛斯特──通曉型「推手」及擁護者

多元的威力要在重視及鼓勵差異的兼容文化中才會大放異彩。共同的價值是基礎，但不同的觀點和行為會帶來新的理解、觀念與成長。

──厄比・佛斯特（Erby Foster）

我們認識許多通曉型領導人是絕佳的導師、教練和贊助人，善於帶動公司的目標，有部分就是靠著提攜手下而來。但高樂氏公司（Clorox Company）的多元與兼容總監厄比・佛斯特可能是我們所看過最棒的之一，向上、向下與橫向磨合都輕鬆無比，而且自然又細膩。他的指定角色是就公司的多元化策略、雇主品牌作業、與專業組織的外部合夥關係來輔佐管理高層和董事會，以及管理公司的員工資源團體（ERG）。

但厄比所做的事顯然比他的本份要多，並對人投注了真正的熱情。每次一討論到他的工作，就要回溯到他為了連結個人以及協助他們在生涯中進步所做的事。為了這個目的，他要門生把他當成自己的「推手」而不是導師，並把他的角色視為自己最大的公開支持者，以及關起門來最嚴格的批評者。對厄比來說，這些關係並不是總監級職位所附帶的額外責任，而是他在此的唯一理由。「我只是可以幫助別人成功的媒介。」他說。「**我一看到人就會想說，我可以怎麼幫助他們成功？我會把人拉出他的和我的舒適圈。**」一見到新人，厄比就會立刻啟動連結與影響者模式：首先，他可以如何把他們連結上適當的人選與機會？其次，他可以如何影響他們去做不見得會自行嘗試、但對他們或他們的生涯有好處的事？

有一年，厄比陪著當時為資深業務副總裁的執行長唐恩·柯諾斯（Don Knauss）和另外四位白人主管去和全國西語裔雜貨店主協會開會。隔年厄比故意不去參加會議，而是派了三位拉丁裔的中級主管搭乘公司專機飛過去。他們不僅與該團體及市場有更好的連結，還在執行長面前得到了難得的亮相時間。「我告訴他們：『別害怕，有話就說出來！』」厄比說。而且這次的連結證明是有所收穫。當預算裡沒有經費時，厄比則以類似的方式想了個辦法讓員工資源團體的領導人去參加大會。他替高樂氏報名去角逐獎項，當他們獲獎時，這不僅提升了高樂氏的形象，而且行銷長也要飛去出席大會，這樣他就能帶著這些領導人同行。厄比總是在為公司及身邊的人尋找機會。

善用本身的人脈來為別人牽線

現任蓋普（Gap）全球人資總監的比爾·英漢（Bill Ingham）在把厄比延攬到高樂氏時，所看中的就是這種過人的通曉度。「他很厲害，

在所有的分界、層級和地區中都駕馭自如，是我所認識最強的連結高手。他是真心想要看到別人成功，並利用本身的人脈來做這件事。他所運用的都是小事——他會寫便條並加入個人色彩；他會在電子郵件中使用不同的字型。他的溝通非常具體而個人，話語中也會流露出讚美。看完電子郵件，你就會想拿起電話立刻跟他聯繫！而且他不會讓人脈化為烏有。他認識好幾百個可以立刻聯絡的人。我跟他很熟，而且他不時就會主動找我。可是他出手不是為了得到，而是為了給予。」

以一個天生就這麼懂得管理權力鴻溝和通曉度的人來說，令人意外的是，厄比並不是從多元與兼容來展開他的生涯。厄比反而是個財務人員。在高中時是個數學鬼才，在青少年時期就去大學修課，厄比還鑽研黑人史、加入籃球隊、越野賽跑，並熱愛大自然。跟學校裡的其他每個孩子不一樣的是，「我開始拿這些差異來讚美自己。」厄比說。「我擁抱它，大家也因此對我肅然起敬。在這樣的基礎下，我才走上了這條路，明白自己能做到很多事。」他在大學時念的是工程，在以數理和工程見長的著名克萊蒙學院聯盟（Claremont College）中，是哈維穆德（Harvey Mudd）學院僅有的三個非洲裔美籍學生之一。厄比接下來去南加大（USC）念商，然後在勤業（Arthur Andersen）謀得了會計職。當時在洛杉磯辦事處的上千位專業人員中，厄比是僅有的十位黑人員工之一。在多家大企業擔任財務長的不同任期中，厄比變得很習慣看到身邊沒什麼黑人臉孔，尤其是在財務的角色上。但就在加入全國黑人會計師協會（National Association of Black Accountants, NABA）後，他為多元性建立企業說帖的隱藏才幹也被發掘了出來。也是透過全國黑人會計師協會，他才認識了高樂氏的執行副總裁兼財務長丹‧韓瑞奇（Dan Heinrich），進而得到了目前在高樂氏的角色。

厄比把財務職位連結上多元與兼容領域的能力受到賞識，是發生在

厄比擔任麥當勞公司的高層職位時。1998 年，執行長傑克·葛林柏格（Jack Greenberg）去對黑人員工網團體演説時，與會者在問答時間提出了重大的問題。他們説，他們所看到的重大問題就是沒有高層模範：財務職掌裡沒有黑人副總裁，而且他們覺得黑人一爬到主任級，就會被派去擔任加盟關係的角色，而沒有被考慮主計職，或是另一條財務角色的出路。

「隔天執行長就把我叫進辦公室，要我負責對少數族群徵才。」冒著一點風險，厄比接下來就機警地問説，對少數族群徵才是真正的營業目標，還是比較屬於公關目標，以藉此釐清他究竟可以如何以最佳的可能方式來為公司扮演好連結的角色。「我問是因為這個答案會改變我的策略。假如是以公共形象為目標，我跟所有的組織都認識，可以引介給你們。但假如你們是真的想要招聘少數族群，我就會替你們擬訂策略。」他對他們説。他們是來真的，而在一年後，厄比就看到了機會。1999 年時，全國黑人會計師協會的大會要在芝加哥舉行，他便建議麥當勞擔任與會的主角。厄比安排和所有主管級與高層的非洲裔美籍領導人會面，並且輕而易舉就拿到了最大筆的贊助經費。他爭取到在會議上行銷的機會，並打響了雇主品牌，使麥當勞跨出餐廳的範疇，並把公司重新定位為潛在雇主，對象則是參與全國黑人會計師協會大會的人。

把它全部交織在一起

厄比在麥當勞的努力證明了，在從小地方為個人的生涯來連結方面，他的才幹過人，而這也從小地方為組織帶來了正面的影響。有一位前員工考慮要離開公司，並告訴厄比原因是她對追求國際機會感興趣。「他要我留下來，並著手幫忙我尋找那些會計方面的機會。」起初她對於自己的生涯前景很短視，「厄比則讓我學到了多元背景的價值。他讓我明

白會計不只是數字，你必須了解業務才行。厄比會培訓深具潛力的年輕人，並創造露臉的機會。」雖然厄比擔任的是多元性的角色，但他的獨到之處卻在於對人員輔導至深，以及他所展現出的投資度。以他的前員工為例，這不僅意謂著要幫忙尋找國際經驗方面的機會，也意謂著要鼓勵她在得到那樣的經驗後，就要照著最好的生涯路徑來走，不管是不是要回到有厄比幫忙她成長的公司。其他人在擔任他的角色時，有很多都是走比較策略性或者以事件為重的路線，靠措施與方案來和員工資源團體共事並因應多元性。他則是把它當成私事，並致力於幫助個人，以當做本身更大策略的一部分。

　　無論是把會計連結上多元性的目標，還是把個人生涯連結上公司的成長，厄比都是大放異彩。他通曉地把**多元性與企業的結果串連起來**，然後天衣無縫地跨出個人的層次來促進與員工資源團體和外界協會的串連，然後把它全部交織在一起，直到它在公司的層次上對每個相關人員產生意義為止，並且常常利用發明與適應的方法來達成企業的目標。

用兼容來帶動創新

　　由於他的工作有一大部分是在跟多元性的組織建立關係以及鼓勵員工資源團體參與，因此他會不斷找機會從個人的層次來往上形成業務連結。有一位亞裔員工力讚厄比擴展了他對於多元性的看法，並幫助他了解到要怎麼在策略上運用員工資源團體，同時以個人的層次來與他們聯繫。「我出席活動去跟他聊了以後才豁然開朗，他的視野不只是從亞裔出發，或者是西語裔或各種性向，而是比較偏向你要怎麼讓自己投入工作，並以此來拓展業業作為。這對我來說是新的看法。」這位員工後來為他在高樂氏的員工資源團體當起了參謀長的角色，是與厄比互動時的要角，並學會了要怎麼帶領以及和員工資源團體的其他領導人互動。

「2010 年時，我們的員工資源團體寫出了願景宣言與宗旨，以及後來的策略與計策。我們的構想是得自厄比，所肩負的挑戰則是要把員工資源團體當成企業來拓展與全力經營。」

身為通曉型領導人，厄比能顧及員工資源團體的基本需求（升遷、業務連結，以及兼容的文化），並把它們連結上更大的成長機會。「才短短幾年，我們的員工資源團體就從促進文化意識迅速轉變為培養人才、成為受信賴的顧問，以及被認可為企業的擁護者。」他說。「現今的全球市場跟我們許多人在成長時截然不同，在世界觀、經驗和思考過程等方面都需要新的做法和多元的領導團隊。」厄比與高樂氏的員工資源團體共事的成果就是，在 2010 年 7 月時，執行長唐恩·柯諾斯要亞裔的員工資源團體想想看，它的成員可以如何幫忙以亞裔做為主打對象。這是美國成長最快的消費團體之一，一年的購買力有 6000 億美元。他們立刻就動起來，並從營業挑戰的腦力激盪中選出了前三名：以高樂氏的有效綠（Green Works）品牌來主打行銷，針對食品來購併，以及跨足印度市場。這三項作為是配合上企業的共同帶領，以發展他們的想法並從事必要的研究。他們發現，在日益習慣亞洲口味的國家裡，還是需要一點預先包裝來幫忙讓晚餐上桌。最後的結果是，高樂氏收購了加州一家以美味、道地的亞洲醬料而聞名的小公司燒味企業（Soy Vay Enterprises）。

通曉型領導可帶來新商機

這場收購並不是偶然發生，而是靠通曉型領導人努力來打造兼容的體制與組織文化，並和營業活動密切整合。這又是厄比在連結與布建人脈上的能力發揮綜效的另一個例子。「少了兼容的多元就像是在油裡加上幾滴醋，就說它是很棒的調味料！」厄比若有所思地說。「你怎麼能

指望新人融入舊模式並帶動新價值？多元的威力要在重視及鼓勵差異的兼容文化中才會大放異彩，並帶來新的理解、觀念與成長。」

連結顧客與夥伴

以人為先和擁抱差異向來都是我們成功的基石。

——阿尼·索蘭森（Arne Sorenson），萬豪國際（Marriott International）總裁兼執行長

在企業議題中，顧客和客戶是至關重要的環節，少了他們就無以為繼。沒有穩固的客層相信你的價值主張，市占率就不會提高。在現今競爭激烈的市場上，滿意的顧客可能會打心底來擁護你的服務或產品。有不計其數的研究一再顯示，人會跟自己所認識與信賴的人做生意，並從中挑選生意夥伴。但企業領導人有時滿腦子都是內部關係與流程，而沒有把這些所學到的啟示沿用到客戶身上，並以能建立信賴和打造有益長期關係的方式來跟客戶打交道。

我們在本書中花了不少篇幅來告訴各位，針對橫跨文化、性別和世代界線的員工來建立關係與善用差異對本身的盈餘會有什麼幫助。對顧客和廠商的道理也一樣，無論你是《財星》五百大公司，在全球各地都有辦事處，還是小型、本土、非營利的組織。畢竟在連結關係人上，非營利機構有少過任何一點投資嗎？不管是否為營利，所有的組織都想要提高市占率，或是提高本身宗旨的能見度。而對組織來說，思考可以如何與顧客產生最好的連結同樣至關重要。在現今的經營環境中，你在連結顧客上要比競爭對手更加真切與迅速才行。這攸關生死。

磨合與建立你的關係風格對顧客銷售

即使你已經很懂得因應所屬團隊中的不同風格、文化、性別與世代，你的本領還是有成長的空間。**企業的成功不是只要磨合本身的管理風格，以便和組織內有別於你的人加強往來就好。這還跟建立關係直接有關，而它也是所有銷售、談判和客戶培養作業的根本基礎。**全球化與心懷全球的組織需要了解及迎合顧客的多元需求，而巧妙拉近權力鴻溝就能做到這點。假如你能留意、欣賞、到最後善用你和全球客戶之間的差異，同時和外部廠商建立信賴與溝通，你的企業就會欣欣向榮。

幾年前，我們在香港的一場會議上演說時，注意到聽眾在整個發言

期間都非常投入，但在公開問答時，發問的人則寥寥無幾。不過，當我們在會後走進人群時，排隊等著發問的人卻不少於三十五個。在公開的論壇上發問顯然讓他們不自在，而在緊接著會談的一對一場合裡，他們卻非常直接而踴躍。這次就要由我們來對客戶的文化磨合，並調整本身的風格來與他們折衝！此後我們就確定，每次到當地演講時，我們就多加三十分鐘來接受問答，並為聽眾開關多個管道來回應我們在整個活動中的發言。這有賴於我們分析經驗，為每群人選擇適當的論壇，然後一一對他們主動伸手。這麼做使我們得以接觸到更多聽眾，並能與在座的客戶更充分地連結。

就跟對內部的員工磨合一樣，在拉近與客戶、顧客和廠商的權力鴻溝時，首先要誠實評估你和他們之間的權力動態。有句話說，客戶就是王道，而且在大部分的業務關係中，客戶所享有的權力優勢都高於服務供應商。在管理顧客的詢問和申訴時，大部分的業務和面對顧客的人員所受的訓練都是以格言「顧客永遠是對的」為準。不過，假如你是跟外部廠商簽約，權力鴻溝可能就會倒向另一邊，因為此時你是客戶。

舉例來說，比較平等式的文化和組織並不強調高階職位所具有的權力與權威。但對某些看到客戶關係是由年輕、低階的客戶經理來管理的客戶來說，這或許就會變得令人不解，或者甚至是侮辱人。無論是談判合約還是要求交貨，權力鴻溝都會影響到每個業務層面。

調校組織內外

那我們所謂「調校內外部的企業文化」是什麼意思？比方說你們公司試圖要打進新的客層。你們的廣告和行銷活動日益多元，而且你們在所服務的國家和國內都有參與社區活動。你們或許甚至在多元文化的從業人員以及女性方面增加了人數，但假如銷售過程中完全沒有呈現出他

們的觀點，或者他們的意見在你的經營策略中完全付之闕如，那多元文化活動和所主打的廣告或許就會成為空響。

我們有一位客戶向我們招認說：「我們賣了很多產品給女性，國內有四分之三以上的購買決定都是出自她們之手。可是在這家公司裡卻聽不到她們的聲音，掌管盈虧的職掌以及高階的管理職等都比較少看到她們。她們常常必須去別的公司靠其他的機會才能坐上所要的高階職位。失去她們後，我們所流失的不僅是人才，還有我們對顧客的信譽。」你的組織裡很可能正好也有反映市場的人才。這或許是個不錯的時機來採納他們的觀點與知識，並善用人才的文化資本來接觸新市場與更多顧客。

早在 1990 年代中期，IBM 就明白這點了。當時的執行長葛斯納（Lou Gerstner）化解了多元從業人員和市場以及管理高層之間的失衡。在葛斯納和 IBM 當時負責職場多元性的副總裁泰德‧柴爾茲（Ted Childs）指揮下，公司創立了八個依差異來組成的工作小組，像是性別、族群、性向或能力，同時責成各團體不僅要探討怎樣才能讓他們覺得比較受重視並提高成員的生產力，還要探討怎樣才能影響那些成員的購買習慣。葛斯納把 IBM 多元作為的成功歸功於它直接觸及了具體而確切的商機：IBM 能如何加強掌握市場，並更加了解客的需求？既然以女性員工的需求為焦點的多元性團體可以幫助女性在 IBM 步步高升，那它也可以幫助他們連結上在公司的客層中占三成的女性顧客。了解多元文化員工的需求幫忙銜接了從業人員和 IBM 所經營的全球市場（與超過一百七十個國家），並有助於發掘潛在的商機與策略來爭取這些顧客。

有一個透過內部領導來爭取外部市場的實例是，IBM 創立了市場開發團體，任務是要讓公司在少數族群和女性所擁有的企業中提高市占率。它是靠著多項策略來做到這點，包括聯手外部廠商來對少數族群和女性所經營的中小型企業提供銷售與服務。它以卓著的成效善用了本身

的內部文化資本來切入遭到埋沒的市場，並了解到一如喬治城大學麥克多諾商學院（McDonough Business School）院長大衛·湯瑪斯（David Thomas）所言：「多元是未開發的企業資源。」

可是，做起來容易嗎？不見得。有時公司必須卯足全力把這些橋樑有效建立起來，包括替它想要做生意的國家研擬平等機會方面的法令，針對外部作業來調校內部的公司目標，因為就如柴爾茲所說：**「從業人員的多元性是全球課題。」**假如 IBM 有部分的銷售人力想要在第三世界國家做生意，而且這牽涉到它的業務拓展策略，那它就會在多元性的策略上一馬當先並深究差異。我們不曉得要怎麼在這些國家開展業務；我們可以如何做到這點？我們不曉得要怎麼突破政府的限令在當地做生意；我們可以如何達成目標？但在敲開這些全球市場以前，公司還有很長的路要走。即使它牽涉到拓展市場，但把焦點從盡量減少差異轉為促進差異還是讓許多人坐立難安。

有的人覺得組成團體只不過是空口白話，有的人覺得不尊重，還有的人則擔心，把他們有別於規範的地方凸顯出來會使他們受到懲罰，或者被認為不是主管的料，或需要協助才能在職場上成功。但柴爾茲很堅持這項改變，並形容這是對做生意的尋常方式施予「建設性的破壞」。他對團體的組成也很仔細，讓它們分別與不同領域的贊助人聯手，以促進對話並鼓勵打破刻板印象與成見，或協助其他的領域獲得可以在業務發展上帶來助益的專門知識。

雖然世界上有很多首屈一指的企業都是像 IBM 這麼大，但你的公司不必如此也能採用類似的策略。全美國各地比較小的公司和組織也有已經設立的同好團體或員工資源團體（ERG）。假如領導階層能發揮這些團體的力量與潛質並對它們的能力投資，以善用它們的文化資本來增進公司和成員的利益，員工資源團體就能成為絕佳的橋樑來把組織連結上

合作夥伴與顧客。

員工資源網可以如何縮短與顧客的鴻溝

市場變得日益多元與變動不居。為了全盤掌握顧客的需求與偏好，前瞻思考型組織的領導人學會了善用內部的員工群來激發創意，以連結外部顧客的喜好。被稱為「員工資源團體」（ERG）的內部網是依照共同的社會興趣、傳統或同好來一起組成的員工網，常見的例子可能包括女性、Y世代、退伍軍人或拉丁裔的員工團體。這些內部團體要是運作得宜，就能為員工提供有效的方式來突破現有的工作範圍，以藉此讓企業更上一層樓，並達到其他策略性的組織目標。因此，就算你是在後端的研究職掌工作，你還是可能會因為所加入的員工資源團體而參與到作業，並為行銷人員和銷售策略帶來貢獻。消費品公司和零售業者都有機會善用這些就在自家後院的寶貴內部資源。

確切來說，創新的公司都在就教本身的員工資源團體，請它們就所代表客層的不同世界觀、文化接觸點、經驗、思考過程與生活方式來提供見解。當多元與兼容的作為整合到研發、行銷、營運、人資、業務的系統裡時，人人都是贏家。在現今的全球市場上，以這種方式來善用員工資源團體會變得日益重要，因為跨國公司發現，有很多累計的成長是來自未經開發與低度發展的市場。

百事公司亞洲網靠顧客創造出市場機會

這種同心協力的作為有一個顯著的例子就是百事公司，這家全球性的食品和飲料公司所擁有的品牌包括桂格（Quaker）、純品康納（Tropicana）、開特力（Gatorade）、菲多利（Frito-Lay）和百事可樂（Pepsi-Cola）。在體認到亞裔美國人的驚人購買力下，該公司建立了「百

事公司亞洲網」（PepsiCo Asian Network, PAN）。這是百事公司內眾多由員工來領導的團體之一，以設法迎合各種消費與利益團體的需求。

在這個實例中，百事公司亞洲網這個員工團體靠著與百事公司的銷售部門和行銷團體同心協力，針對美國這個成長最快的族群團體推出了特別優惠。他們選出了一家在印度裔美國人的社群裡很紅的外部零售夥伴，特別優惠的主軸則是以「燈節」而聞名的流行印度節日排燈節（Diwali），並主打百事公司飲品和洋芋片裡的傳統印度風味。在過農曆新年時，它們則針對不同的產品祭出類似的優惠。這是吸引亞裔顧客的重要節日，因為他們既過西曆新年，也過農曆新年。該團體還把公司連結上韓裔美籍雜貨店主協會（Korean-American Grocers Association），因為他們深知，以社區為導向的小店在比較郊區的環境裡所占據的有力位置不利於量販店或大型連鎖超市。藉由善用本身的文化知識、語言能力和員工的廣泛人脈，這個員工資源團體得以靠新的外部夥伴與顧客來支援百事公司打入這個重要的消費群。

靠縮短鴻溝來創造商機與盈餘衝擊

了解要如何駕馭組織內外的通曉型領導人既能縮短與內部各級管理階層的鴻溝，又能縮短與顧客的鴻溝。但這並非一蹴可幾。

從 2004 年起，百事公司亞洲網的領導高層就開始和「亞裔美籍旅館業主協會」（Asian American Hotel Owners Association, AAHOA）建立關係，因為旅館和食品飲料業具有互補的本質，並能透過合夥來實現商機。百事公司亞洲網與梅胡爾（麥克）‧佩托（Mehul (Mike) Patel）的共事開始得很早，他則在 2013 年時當上了該組織的主席。多年下來，百事公司亞洲網的成員不斷在強化百事公司亞洲網與亞裔美籍旅館業主協會的聯繫，百事公司的昆泰‧朱克喜（Kuntesh Chokshi）更是格外用

心在經營與佩托的關係。

　　2013 年時，百事公司得以協助亞裔美籍旅館業主協會實現長久以來的願望，那就是把百事公司的董事長兼執行長英卓·努伊（Indra Nooyi）請到他們的全國大會上演講。一宣布她是 2013 年大會的主講人，公司與該專業組織的關係便獲得了鞏固，並為以新的合作與機會來提高在餐旅業的市占率開啟了大門。對百事公司來說，投資的潛在報酬很巨大：該組織的一萬一千個會員擁有三百五十萬個旅館房間，以及兩萬件物業。

　　它也使百事公司得到了機會去連結獨立加盟的旅館業主、餐廳，以及更多的與會人士，對公司來說等於是巨大的潛在客層。

___
以行動擁護的贊助者

　　百事公司亞洲網和它的領導階層無法靠自己就達到這項不凡的成就，而是靠了組織裡高階主管的重要贊助。兩位關鍵人物：湯姆·葛瑞柯（Tom Greco），菲多利的總裁，並在過去七年間擔任百事公司亞洲網的現役主管級贊助人；艾爾·凱瑞（Al Carey），百事公司美洲飲料（PepsiCo Americas Beverages）的執行長，在湯姆之前也是百事公司亞洲網的現役主管級贊助人。還有，連同湯姆·川特（Tom Trant，FoodService 的資深副總裁）和昆泰，艾爾·凱瑞和湯姆·葛瑞柯都跟佩托開過首腦級的會前會。這些會前會有助於我們靠合夥及調校來促進兩家組織的營收。要不是有他們兩位的支持和擁護，百事公司亞洲網就不會持續參加亞裔美籍旅館業主協會的全國大會。湯姆不僅為亞裔美籍旅館業主協會提供贊助，還支援其他的領導作為以及社群推廣活動和領導人訓練作業，並在團體有需要時提供空中掩護。他對昆泰的努力很有信心，並讓他有空間可以持續以他認為最理想的風格來建立關係。他說：「昆泰，我相信

你在這方面走對了方向。」同樣至關重要的是昆泰的另外三位現役導師：麥可‧柯羅斯（Michael Crouse），副總裁兼百事的業務總經理；斯里‧拉賈戈帕蘭（Sri Rajagopalan）是百事公司亞洲網的第二任總裁和百事公司的董事，他的領導對百事公司亞洲網的成功影響深遠；迪帕克‧歐羅拉（Deepak Aurora），百事公司亞洲網的首任總裁和百事公司的退休董事，當初就是由他擔任對亞裔美籍旅館業主協會和麥克‧佩托的聯絡窗口。麥可是強力的擁護者，並採取了主動來迅速了解百事公司亞洲網的成就。他付出私人的時間來全力投入百事公司亞洲網的業務發展活動，並藉由下班後的固定通話來輔導昆泰和百事公司亞洲網的其他領導人，以針對要怎麼靈活駕馭組織給予即時的建議。在和亞裔美籍旅館業主協會打點業務關係的過程中，這些領導人全都展現出了通曉型領導人在組織中向上、向下及橫向磨合時所必備的特質。

熱情、耐心、堅持與適當的時機

這個故事透露出了連結顧客的複雜性，以及一定要靠向上及橫向運作來縮短鴻溝，以找到最高層級的贊助人。這項成就有很多的環節。掌握到「適當的時刻」有賴於百事公司亞洲網的平台、湯姆‧葛瑞柯的鼎力支持與指導，以及昆泰‧朱克喜和百事公司亞洲網其他成員的毅力。採行磨合的原則，並對於員工資源團體或同好團體之類的團體給予組織上的支持，你的組織就能得到同樣的結果。在設計或建立員工團體網時，我們的經驗顯示，要讓同好團體或員工資源團體最成功的方法是：

● **凡是有員工對它的目標焦點感興趣，就開放他加入。**這些團體雖然應該強力聚焦於某些對象，但其他人應該要有機會可以對他們的工作感興趣並給予支持。

- 有策略性的宗旨來**連結組織的宗旨和成長策略**。
- 既有**對內目標**（布建人脈、專業發展和指導機會），也有**對外目標**（向顧客和社群推廣、把客戶服務得更好）。
- 為員工**接觸管理高層**（和可能的贊助人），並讓管理階層在核心業務的溝通上連結員工。
- 讓公司領導人以妥善管理的方式**獲悉不同類型與職級員工的構想和作為**。
- **連結公司的不同部分來促進合夥與創新**（像是結合行銷與營運），以便替未經開發的商機開啟途徑。

還要記得的是，市場很廣。員工資源團體應該要反映這點，並擴展本身對於多元與成員的思考。有一個例子就是，百事公司和其他公司也成立了員工資源團體來專門支援與連結退伍軍人、軍事人員和他們的家屬。

當病患是你的顧客時

我們有時候很容易忘記，醫病關係實際上就是供應商與顧客的關係。在 2020 年之前，醫療體系可望增加五百六十萬個新人。而且在 2012 年時，美國對這個行業就花費了 2.8 兆美元。當攸關這種營收，加上光是這個國家的預期成長，此時無比重要的一點就是，醫療體系要能了解顧客需要和想要什麼，並能服務日益多元的人口，包括所有的年齡、多元文化和男男女女。

紐約大學「朗格尼醫學中心」（Langone Medical Center）暨紐約大學醫學院的內外科教授阿蒂娜・卡里特（Adina Kalet）會把文化才能傳授給醫科學生，以協助他們更加妥善地管理自己和病患之間的權力鴻

溝。在醫病關係、其中固有的權力鴻溝以及這道鴻溝正如何轉變上，阿蒂娜相當明瞭自己。

「以往人們都是聽醫生說，而且他是專家，或是會把『真相』帶進談話裡。現在則比較屬於共同決策觀，也比較算是真正的對話。」病患有自己的健康資源可取得資訊（尤其是網路），並能發問很多的問題。「醫生照護病患的方式正趨於一致。它變得沒那麼科層，文化才能也變得更加重要。這表示明瞭自己是文化才能的重大元素。畢竟有好一陣子，醫生不再只是白人男性的同質團體，並帶有中產與上流階級的背景。我們這行有著多元的性別、種族與族群，所以個人也會有自己的價值體系，以及隨之而來的成套信仰。有時候醫科學生在多元方面所能教給教授的東西反而要多得多，因為比較年輕的世代對多元的環境比較有經驗，懂的東西多很多，而且比這個領域中的前輩要來得老練。」

同樣地，在醫學院所有的申請人當中，如今將近有半數是女性。有多項研究顯示，女性所提供的照護與男性略有不同，行事作風也比較有同理心一點。研究也顯示，病患的性別可能影響更大，女性病患討論病況的方式比較著重於個人與體驗，而女性醫師對於這種風格似乎也比較有反應。在《紐約時報》近來的一篇報導中，加州大學戴維斯分校的家庭與社區醫院教授可麗・柏塔吉斯（Klea D. Bertakis）表示，對男性醫師來說，「這並不是要設法變成女性，而是要去學習行為」。一句話，就是要學著去磨合。

由於醫生是帶著自己的經驗與風格到醫學院，所以他們不見得知道要怎麼把知識和態度應用到病患身上。在他們的課程中，學生會學到有效溝通技巧的基本原則與文化，他們甚至會請演員來呈現個案與實例，好讓他們可以角色扮演不同的議題。阿蒂娜說，在她所屬的醫學院裡，他們把**文化才能視為「醫療體系的一環」**。為了對顧客磨合，醫師必須

考慮到各式各樣的信仰體系與價值，包括文化差異在內，而且一切都會因為病情可能引發的恐懼和慌亂而雪上加霜。

阿蒂娜舉了個她的同事在協助學生練習文化才能的技巧時所使用的例子。他們訓練了一位演員，所扮演的角色是個搬到紐約來的美國出生華人女性。病患表示，她的氣喘在童年以後就沒有發作過了。學生則要向她解釋說，為什麼它會在這麼多年後復發。答案是：這位女性的祖母比較傳統，現在跟她同住，而且不希望她吸取類固醇。祖母不讓她使用呼吸器，而是用草藥茶和其他的自然療法來治療她。為了確保病患能改善病況，學生要和她開啟對話，並幫忙她協商出一條帶著尊重且令人滿意的路來往前走。在第二個個案中，學生要跟一位白人女性打交道，她拒絕讓她兩歲大的孩子接種疫苗。學生知道疫苗是防止孩童罹患致命疾病最安全而有效的方法，所以對於她會拒絕感到百思不得其解。假如她深信用來保護人的疫苗反而會使孩子受害，那你要怎麼著手展開這段談話？這是醫病之間典型的日常談話。

差異甚至會延伸到世代上，並且是個格外重大的課題，因為老化中的嬰兒潮人口將成為暴增的醫療客層。「在醫療領域中，較年長的病患要比較年輕的病患能容忍父權模式。」阿蒂娜說。「而且人一生病，反應就會放大。」假如醫生有壞消息，她就要去評估這該怎麼以及透過什麼管道來溝通。「我得去問每一個人，你希望我怎麼溝通這些資訊？你要不要請你兒子過來這裡陪你？你要不要請你的另一半過來這裡陪你？或者我們該不該先私下展開這段談話？身為醫師，對於這段談話該怎麼進行，你或許自有主張，但你得把它放在一邊，並設法去了解病患有別於你的偏好。」要記住這點很難，尤其是在你很忙或者事情讓人情緒非常激動或複雜的時候。

在會議室裡就跟在檢查室裡一樣，磨合的原則可以幫忙拉近醫療業

者和消費者之間的鴻溝，使雙方的結果都有所改善。

與海外夥伴共事

我們有很多客戶不僅有多元的美國消費者市場，還有國際市場要爭取。無論你是在別國有客層，還是在別國設有全球經銷的據點，拉近自己與廠商之間的鴻溝都至關重要，即使你在關係中比較占上風也一樣。只期望廠商以跟你一樣的方式來溝通，並以同樣一套價值來運作，你八成會以失望收場並錯失機會。不過，要是運用磨合的技巧來縮短與外部夥伴和廠商的鴻溝，困難的局面甚至可以變成雙贏。根據我們經常從有海外據點的公司那裡所聽到的共同處境，以下是個會把局面給搞砸的例子，以及要是對權力鴻溝渾然不覺，你的損失會有多慘重。

當「梅麗莎」和「艾德」在西雅圖成立新的科技公司時，梅麗莎已經做出了一些軟體產品，而且多半是跟印度的團隊共事，但艾德從來沒跟國際同事共事過。在新產品重要的上市日期快到時，艾德和梅麗莎都知道這個案子的時機既關鍵又緊迫。在聯絡印度的夥伴時，艾德要求他們把產品排入急件時程，並說道：「我們其實昨天就需要這樣東西了。你們必須在這個日期把產品交給我們。」電話另一頭的經理答應了，而艾德也很滿意。不過，梅麗莎無意間聽到了這段談話。「這個時間點根本不切實際。」她提醒艾德說。「他們會趕不上你所訂的截止期限。」

「別擔心。」艾德說。「你為什麼要懷疑他們？他們可是專家。假如做不到，他們就會直說。」

幾天後，位於孟買的經理打了電話來報告進度，並表示：「對，我們在做你們的東西。只是我們現在忙翻了。」梅麗莎開始解讀言外之意。「他們對你說他們趕得上我們的截止期限，純粹是因為**他們知道那是你想要聽到的話**。」她對他說。她明白像「我們現在忙翻了」這樣的修飾

語是什麼意思：他們趕不上艾德要求的日期。

艾德聽不進去，甚至變得對梅麗莎非常生氣。三週之後，產品並沒有出現，公司也錯過了交貨日期。

從像這樣的故事中，我們可以學到什麼？海外的廠商常常因為害怕丟臉而不能說不，或者是靠隱晦的語氣暗示或修飾語來表達交不出客戶所要的東西，而不是直截了當地說不。

梅麗莎深知位於印度的工程師是如何溝通，艾德則小看了美國人和印度人在做生意時的方式差異。他以滿腔的最佳意圖假定說，文化不會是個問題。但他並沒有深思說，基本的文化假定會如何影響到他的交貨日期。在與海外的夥伴和廠商共事時，最有效的方法就是事先分享權力。與其訂下嚴格的截止期限，通曉型領導人可以跟夥伴商量說：「你是專家。你對這個流程瞭若指掌。麻煩你指點我一下。以我們在這個案子上的資源來看，截止期限要怎麼訂才務實？」我們在西方往往會假定說，你可以提出要求，假如對方說好，那就是沒問題了。而在印度之類的國家，你則要界定出必須做到怎樣，它才會真的沒問題。

「蘇瑞許」是位印度工程師，並聽到艾德說：「我們昨天就需要這樣東西了。」他了解他們想要什麼，但也表明時程可能會有問題，所以才會強調他對於案子的熱忱，而不是到期日。「我們非常希望能在 9 月前替你把這樣東西做出來。」蘇瑞許甚至可以表示說，以他手上的資源，要趕上這個截止期限會非常困難。對艾德來說，這聽起來仍然像是他保證會交貨。在和替艾德做事的安審查規格時，蘇瑞許讓他知道了這樣或許行不通，並相信安會以替艾德保住面子的方式把這番話告訴他的團隊。隨著截止期限逼近，蘇瑞許變得益發憂心，並問艾德說，假如他們趕不上交貨日期，他有什麼應變計畫。在蘇瑞許的心裡，他和艾德在溝通時已講得非常清楚。艾德對錯過日期發火顯然是無的放矢。

由於美國公司在過去十五年當中大量外包，因此像我們所描述的這種誤解可說是屢見不鮮。其中有很多可以透過討論程序以及決定和海外夥伴分享權威來淡化，而不是期望別的文化會出於本能地來迎合道地的美式做法。

假如你是在平等式的環境中工作，那就必須靠意向來有效管理科層式的行為，好比說你的客戶只想跟同級的人共事（例如總裁對總裁、副總裁對副總裁）。在科層式的文化中，就算中階人員是對某個客戶或作業的負責人，它還是會透過此人的上司（職銜較高）來管理。有些顧客可能會堅持只跟高階人員共事，在這種情況下，企業可能就必須迎合顧客，或是冒著失去這位客戶的風險。

運用預備問題的技巧可以助上一臂之力，以針對起初看似不屑或違反直覺的行為來了解不同的觀點。客戶以這種方式來做生意可能是基於科層式的文化或其他深植的傳統，或者他們可能只是想要讓問題獲得解決，並覺得在滿足所需時不想跟大學剛畢業的人打交道。依照他們的動機，你或許需要去適應他們的風格，或是能給予一些教育來減輕他們的憂慮並與他們折衝。做到這點的方法可能包括讓高階人員和比較資淺的同僚搭檔，並在同一個團隊裡做案子，或是以行動來幫忙促進客戶對於較資淺職員的自在程度。

在客戶面前亮相

我們認識一位專業服務公司的合夥人，他帶著團隊中的三位下屬出席一場交流會，其中包含一位高階經理。客戶是一家《財星》五百大公司的技術長，他對共事了八年的合夥人提出問題說：「那這些收購對於我們的營業流程會造成什麼衝擊？」合夥人並沒有回答這個問題，而是對著他的經理問說：「琴，你對這點有什麼看法？」他做球來讓她回答，

而她也回答了。過了幾分鐘，客戶又對合夥人問了一個後續問題：「我們需要看什麼別的議題嗎？」合夥人答覆說：「分析是琴做的。你覺得怎麼樣，琴？」到了第三次，他使個眼色就足以讓她來答覆問題，而他的暗中支持也足以讓技術長開始直接和琴打交道。

有的人則是尋求中庸之道。昆汀‧羅區（Quentin Roach）是默克（Merck）的採購長兼全球供應商管理群的資深副總裁。他和一些全球夥伴共事，並試圖確保供應商有話就說。他在德國曾有過的經驗是，供應商達不到要求，於是便要求供應商稍作調整。供應商則回過頭來把問題丟回給默克，要它寄一些報告和圖表，而在某些員工看來，這可是大費周章的事。以「要求」來回應要求可能會被解讀為是在防衛，而與供應商共事的默克員工也有點傻眼。「這種回應毫無誠意。」他們在提起德國供應商時說道。

在此，昆汀採取了非常通曉的舉動，要團隊想想另一個選擇。「他們或許比我們更看重分析。也許他們並不是這些內容全都需要，而是要我們透過資料說明。」昆汀對其他風格與議題的開放心胸使他得以化解各方的挫折，並讓默克協助他們一起做出了理想的產品而達到最終目標。

堅守原則

磨合對事業的成功固然重要，但在與顧客和夥伴共事時，公司也必須保持誠信，並忠於公司的內部價值。早在 1970 年代，在擔任洛杉磯的副市長以前，琳達‧葛里格是電話公司的電話安裝人員。她聘用了一位學有專精的女性安裝人員。當這位安裝人員去客戶家裡拉線時，屋主連前門都不讓她進去，而是要求派一位「真正的安裝人員」過來，也就是男性。琳達開車過去，親自和這位客戶討論。他不肯退讓，而她也是，即使他威脅要打電話給公司的總裁。「假如我派出黑人被他打回票，那

電話公司是不是就要派白人過去？政策是如此嗎？」在持續受到壓力下，琳達守住了立場。到最後，這位女性安裝人員完成了工作，顧客也道歉了。「在很多地方，你都必須知道什麼時候該應戰。在這方面，我不能打馬虎眼。我不能獨善其身。以這個例子來說，我知道她有適切的經驗，我對她的能力也有絕對的信心。」

花時間去建立關係

我們有時候會低估談生意之前與顧客和夥伴建立關係的重要性；這不僅跟買賣有關。美式的企業文化常常滿腦子都是效率與結果，所以我們很容易就會忘記，在建立海外的關係時，人到就跟分享權力一樣重要。

我們曾經對一家在全亞洲做生意的美國公司做過全方位的評估。在新加坡有一位服務供應商對他的美國經理「蘇珊」極為不滿，並覺得她對他的團隊毫無感激之意。蘇珊的技術相當純熟，對任務也一清二楚，但她從來沒有感謝過別人的付出。她在安排跨時區的會議時也不懂得體諒，總是以紐約辦公室的方便為準。等評估一完成，我們便發現，蘇珊就跟不計其數的美國經理人一樣，主要是仰賴電子郵件和線上溝通，而且她和新加坡最高主管間的個人互動可說是少之又少。

我們所共事的海外公司大部分都抱怨說，美國的經理人很少現身並花時間去認識他們的夥伴，要不然就是覺得他們總是蜻蜓點水。當缺乏穩固而長遠的關係時，這些人就不會為你多花一分心思。這個道理尤其適用於以「親見」為取向的關係文化，它相信要先建立信賴，再來討論他們應聘進來所要負責的工作範圍。在高權力鴻溝的環境中，要下苦工和一再努力才能汲取到別人的意見；而為了長遠著想，所以你要全力建立關係，無論所應對的是孟加拉的廠商，還是自己公司內的員工。雖然一般的看法或許會說，有效率和立竿見影是最好，但有時候最快的辦

法無法讓你得到十分基本的信賴與支持來真正連結客戶或顧客，或是讓廠商力挺你到底。

為雙贏做準備：對夥伴與顧客加強溝通的秘訣

我們發現，在克服溝通風格與文化上的差異時，尤其是對於全球夥伴和顧客，其中一些最有效的方式如下：

- 讓夥伴或顧客對本身的專長有明確的主導權。
- 提供公開討論的平台，讓他們可以坦誠說出自己的需求。
- 以對他們的貢獻表示推崇的方式來表達期望。
- 清楚解釋你的要求和背後的理由（包括案件提要、範圍、資源、預算和時程）。
- 以問題來結尾。

這些結尾問題可能證明會是關鍵所在。在你的角色上展現謙卑（「我不是在你們的環境下工作，所以這看起來合理嗎？」）以及提供協助來達成共同的目標（「如果要做到這點，你們需要我這個夥伴做些什麼？」）是分享權力並得到理想結果的幾種做法。其他的結尾問題可能包括：

「以我們所提出的內容來說，這樣的時間軸合理嗎？」
「你們需不需要更多的人手或更多的資源來幫忙你們把這件事做得更好？」
「如果要趕上這些截止期限，我們可以幫上什麼忙？」
「我們要怎樣才能讓這個流程運作更順利、更有效率和／或更省錢？我想要幫忙。」

你不用害怕成為第一個。

——喬治·蓋斯頓（George Gaston），西南赫爾曼紀念醫院（Memorial Hermann Southwest Hospital）執行長

沒有人喜歡上醫院。現在試想一下，假如你聽不懂醫生和護士的話，或是無法準確表達自己的疼痛程度，你的體驗會恐怖和沉重到什麼地步。或者送到你面前的是奇怪、不熟悉的菜色，家屬又無法在病房內陪你。當你離開時，醫生或其他的護理人員並沒有針對後續的照護給你明確的指示，或是你並不了解接下來要做什麼。也有可能是溝通上的文化隔閡取代了單純的語言隔閡。在出身其他文化的病患針對醫院的主要服務範圍所表達出的困擾中，這只是其中一些。

「醫病關係」天生就存在著權力與知識鴻溝。在很久以前，醫生都是採用嚴格的科層式做法，因而形成了單向溝通的動態：病患應該要確實遵守「醫囑」。這種動態仍然存在，並且有增無減，因為在文化價值的差異下，有些病患對於和醫生討論本身的問題會感到不自在。既然醫生顯然是專家與權威，理當會交代任何及所有的資訊，那質疑他們或對他們發問有什麼意義嗎？

喬治·蓋斯頓在 2010 年從西南赫爾曼紀念醫院臨時執行長羅德·布雷斯（Rod Brace）的手中接下執行長的位置時，就面臨了這一切以及更多的疑慮。日益增加的越南裔和華裔人口就住在西南休士斯的醫院北邊，而且在醫院病患的人口結構中所占的比重節節上升。此外，西南赫爾曼紀念醫院的老年人口是社區中另一個成長最快的人口結構，他們在急診室就診時所遇到的壓力也有增無減。急診室常常很嘈雜，並充斥著難以

掌控的病患與混亂，使他們感到焦慮與不安。老年病患也常常遇到複雜的病歷和診斷，需要額外的時間與專長才能釐清。這個過程形成了工作人員的挑戰，急診室環境的步調則使它壓力更大。而這一切所造成的後果就是，醫院的服務與風格和主要消費者之間產生了嚴重的落差。這個落差所造成的後果不僅是營收流失和醫院的市占率下滑，還影響到了在生活品質與照護上真正需要幫助的人。

病患並不是唯一倒楣的人。在經營了三十五年後，院方的財務也不如以往。曾經是赫爾曼紀念醫療體系（Memorial Hermann Healthcare System）的頭牌，西南赫爾曼紀念醫院的收入卻大幅下滑。士氣跌到了谷底，包括醫師所遇到的挑戰是，病患群的需求變化和他們所能提供的照護之間出現了鴻溝。當把院區賣給另一家醫院集團的提議落空後，喬治卻看到了第二個機會。社區力挺院方，因為深知赫爾曼紀念是它的社區醫院，而且在當地存在已久。不過顯而易見的是，假如喬治想要保住飯碗，社區想要保住長久以來所珍惜的醫院，他們就得扭轉局面。

那要靠通曉型領導人的哪種特性才能扭轉西南赫爾曼紀念的命運和病患的體驗？喬治承繼了由前任所起頭的做法，在科層中橫向及向下往來，以聽取他人的建言。為了設法縮短亞裔病患和醫院體系之間的權力鴻溝，他和所屬團隊傾聽了他們的疑慮。他這麼做展現出了簡單的謙卑觀念。喬治相信，「僕人式領導」（servant leadership）對他和醫院的成功至關重要；對他而言，領導人應該要捲起袖子努力拉抬員工，並服務社區和依賴與信賴他們的病患。病患和家屬都是他們的客戶，對，但不只如此，他們也是情緒和生理需求理應獲得全力照料的人。「你必須替病患設身處地著想。」喬治說道，並展現了那種通曉型領導人必然會有的同理心。實用的生意經說，假如不以最接近醫院的社區需求為重，他們就會無以為繼。但這種以他人為中心的做法讓他們在危機之際擺脫

了任何一種防衛心態，所推行的流程則改變了他們回應社區需求的方式。

在喬治的個案中，這並不是簡單的課業習題。在被診斷出病況嚴重後，他本身在赫爾曼紀念的另一家院所接受了多次救命的腦部手術。雖然他還是需要針對這些在年齡或文化上跟他不同的病患來探究根本上的困難所在，但對於他自己在當病患時所渴望的舒適、尊重和溝通等基本需求，他可以說是太了解了。

按部就班來解決問題

在喬治‧蓋斯頓接任執行長之前，院方和他的前任就已經在針對他們的服務品質來徵詢顧客的意見與建言。事實上，他們所蒐集的詳細資訊是關於某些病患有多不滿意，還有他們的疑慮。院方採用了有多種語言翻譯的病患滿意度調查，並請外面的公司來負責分析。調查中所問的問題範圍廣泛，並且是跟病患的全面體驗有關，從醫院病房的相關裝潢問題，到院方人員所提供的疼痛管理好不好都有。他們請病患同時針對頻率與風格來為醫師的照護和醫院團隊的溝通好不好打分數。更重要的是，他們傾聽了答案，而且很看重病患的回應。他們把領導團隊依照病患滿意度中的重要指標來調校，甚至和過去的病患、家屬以及醫師舉行腦力激盪大會，以藉此找出問題的核心。

雖然有時聽來逆耳，但對於他們可以如何脫跳傳統模式，而改以在文化上加強適應的做法來提供照護，這些資訊卻帶來了有用的見解。以病患滿意度做為領導發展的核心價值，當他們遇到運作不順的層面時，便決定採取行動。分析資料後，行政人員所發現的趨勢明顯指出，公事公辦對於亞裔的病患和家屬行不通。此外，醫師也找上領導高層來表達對這個擴張社區的疑慮。社區的評語反映出，有很多病患並不了解醫師對他們的照護計畫。他們無法有效表達疼痛。雙語專線沒有效。菜色並

非總是吸引人，尤其是對習慣比較傳統、非西式飲食的人來說。這些關係緊密的大家族多半是靠家屬來幫忙翻譯，病房內卻沒有提供環境來讓親人和陪同者（像是兒女）留宿。在最困難的時候，家屬表示，醫院處理過世病患的做法不符合佛教的往生和臨終儀式。在理想的情況下，當病患過往時，佛教的師父應該要在場誦經並幫忙超渡。更重要的是，佛教的傳統也規定，死後有好幾個小時不能移靈，因為親人的靈魂在脫離軀體後，據信還會停留一陣子。

催生老人照護專區和亞裔照護科

找出這些問題後，喬治和所屬團隊便投入了由他的前任羅德·布雷斯所起頭的工作，以具體、創新的解決之道來改變本身的做法，並提供針對性的照護。在第一步當中，他們請了一位亞裔的服務專線經理來幫忙拉近鴻溝。他們確定擔任這個職位的人通曉越南話和華語，以加強對病患、家屬和亞裔的醫師溝通。新的亞裔服務專線經理要負責擴大拜會病患、家屬和醫師，以聽取建言並幫忙構思解決之道。

院方人員並沒有以防衛的姿態來解釋他們對事情的做法，病患和家屬也沒有重提過去的抱怨，大夥兒都能捐棄前嫌來參與有所助益、以解決之道為導向的腦力激盪大會。有件事對這個過程至關重要，那就是院方知道了病患要什麼；它不帶批評地傾聽，請團隊成員和外面的社區幫忙，然後利用所有的建言來勾勒出創新的解決之道，以針對特定病患群的需求來磨合。藉由把大家所貢獻的構想全部考量進去，院方對提供醫療的人員展現了十足的尊重，對病患則展現了同理心。「千萬不要忘了你在從事醫療時所要服務的人。」喬治說。「我們不能忽視真正的顧客……那就是病患。」到最後，院方決定採取雙管齊下的策略來服務兩個成長最快的群體，並成立特別的住院科和照護專區來迎合亞裔還有老

年病患的需求。

　　一家德州的醫院針對亞裔人口的需求和舒適度來磨合看起來會是什麼樣子？各位或許會嚇一跳，其中一些改變看起來竟然這麼簡單，甚至是平凡，直到你去反思說，在生病的時候，什麼才是對你最重要的事為止。舒適與熟悉對感受與康復有很大的影響。當地的亞裔主廚被請來教導醫院的廚房人員怎麼做出比較符合亞裔口味的菜色。

　　在亞裔病患照護科裡，電視上所播放的是越南語和華語節目。裝修後的病房闢建了空間，好讓大家庭可以舒適地探病或留宿。病患與家屬同樣會看到以竹製材質為特色的裝潢，以及在許多亞洲文化中都很討喜的大量紅色。科裡安排了懂雙語的護士和內部翻譯，而且一週七天都有。對那些遇到最大最大困難的家屬來說，也就是病患過世時，允許採用佛教的儀式和習俗則對悲慟的家屬有幫助。在一位好心施主的出資下，院方打算在不久後就地興建一座佛塔。

　　雖然醫院裡有些人起初對於這些改變半信半疑，但新設的科沒有話說地得到了一面倒的反應。社區深深覺得受到尊重、傾聽與照護，而這也為醫院做了大量口耳相傳的免費公關。西南赫爾曼紀念獲頒了社區參與獎，並還登上了越南的電視和亞洲的平面媒體。社區裡掀起了風潮，這個根基後來也在應徵新的醫師和吸引頂尖人才上助了一臂之力。如今西南赫爾曼紀念也更加融入這個區塊的客層，每隔半年就會舉行免費的健康博覽會，還有其他各種專屬於亞裔人口的預防推廣活動。

　　同樣地，靠著投入由羅德·布雷斯所起頭的工作，喬治推出了老年病患專用的急診室。因為在一般急診室環境的忙亂步調中，他們常常會感到不安全或有壓力。院方如今還推出了老人精神病科，名為老人治療與復原行為照護科，罹患癡呆症或嚴重精神病的老人會得到專為本身病況所設計的照護。此外，對於老年人口經常遇到多重、複雜的健康問題，

老人照護住院科則讓醫師與工作人員有空間和時間來解決。就跟亞裔住院科一樣，院方甚至顧及了強調舒適和內心平靜的小細節，從增厚床墊到使環境更加安靜與平和，以便靠減輕病患的壓力來加速痊癒。

通曉型組織

喬治不是光傾聽病患的心聲而已；他對工作人員以及服務他們的醫生所付出的心血也不遑多讓。在 2010 年 5 月時，西南赫爾曼紀念原本士氣低落，醫院評量中的「醫師滿意度」在全國醫師當中是慘不忍睹的第 29 百分位數。比較滿意、比較滿足的病患和改善資源會使醫師的工作比較輕鬆，但蓋斯頓還成立了醫師諮詢會，以協助西南赫爾曼紀念醫院的醫師指出後續的疑慮和問題。在健康串流研究（HealthStream Research）所做的研究中，諮詢會和請醫師來參與醫院決策的文化確立後，他在 2011 年 5 月的醫師滿意度評分便衝高到了第 92 百分位數。

西南赫爾曼紀念遇到了現代一個最棘手與最常受到討論的課題，那就是為日益多元與老化的人口醫療，並漂亮地示範了像謙卑、調適和創新思考等通曉型領導人的基本原則能如何使盈餘和民眾的生活大為改觀。它採取了非常審慎的步驟（加強傾聽）來縮短醫院體系和病人與社區之間的權力鴻溝，並解決不同成員在本身的醫院體驗中所遇到的困難。它的行動所提出的解決之道對雙方都有好處。醫院再度變得賺錢，病患和醫師則發現，這種照護使他們覺得真正受到了關心與重視。

喬治·蓋斯頓和西南赫爾曼紀念的工作人員有辦法把溝通不良和未獲滿足的需求轉化為讓醫院擴大成長與財務成功的機會，同時改善病患的醫療成果。在職場上採用這些原則不僅同時改善了病患和醫療人員的溝通與士氣，也使西南赫爾曼紀念在 2011、12 和 13 年的「醫療評等」（HealthGrades）中擠進了美國五千家醫院的前五十名！

PART_03

Multiplying
Your Success

複製成功經驗

養成員工──

從第一天起就做對

所有的經理人都知道，訓練員工很花錢，在時間和資源上都是，而且徵才也要花錢。一旦應徵到了頂尖人才，就不要在養成上吝嗇，以免省了小錢卻花了大錢。

本書合著者之一的玄珍以前擔任人資時，都要主辦新人的入職說明會。它會在週一的一大早舉行，所訂的時間則是緊接在新人第一天開始上班之前。說明會本身安排了四十五分鐘的報告，以概述方針、福利、公司沿革與企業的核心價值。由於這是他們第一天進公司，所以新人都會表現出最佳的行為，希望能讓人留下好印象。在入職說明後，他們接下來就要展開第一天的工作，而人資只能希望領導階層會盡力培養這些新進員工，使他們一開始被歡迎進來後，在一週內就有個好的起步。

即使到了今天，新進員工在聽取入職說明時，這一般還是花一、兩個小時就完成的單一事件。公司肯定變得比較高科技，並開始利用網路式的互動平台來上入職說明課程，而不是靠人資主任親授。這些說明會多半是在呈現靜態的資料，像是福利、處理資訊和公司的正式方針。此外，這些簡短的入職說明會並沒有提供論壇，好讓新人針對在公司上班的實際情況來提出真正難解的疑問。

無論是透過人還是透過電腦螢幕，這個養成過程都是新人進入團隊的第一步。本章要邀請各位來重新思考，該如何把新人和新的團隊成員帶進圈子裡，尤其是要反映出聘用進來的人所帶來的各式各樣文化、世代和性別觀點。對很多人來說，上班的頭幾個星期是最好與最恰當的機會來拉近鴻溝、在第一時間建立信賴，以及加強與新進人才的溝通。

入職說明與養成

大多數的人往往會把「入職說明」與「養成」的說法交替使用，但我們相信，這兩者有幾點重要的差異。在某些方面，養成是組織提出來取代入職說明的新說法。有一個重要的差別在於，養成比較被視為流程，而不是單一事件，就像是那些週一早上的新人說明會。我們則把養成視為公司所制訂的人才培養流程，在人資領導階層的支持下，由招聘經理

設計出最適切與最有用的入門方式，好讓新進員工融入團隊。適當的養成所要傳達的遠不止於該如何登入公司的資料庫，以及最近洗手間的地點。在這段養成期間，新進員工要在公司文化的薰陶下對它有新的體認，見過新的同事，並讓自己融入團隊的節奏。此外，在頭幾個月可能會以引導的方式把員工介紹給組織中的重要人物，使他們結交到可以幫助新人融入團體的「戰友」或圈內人。

雖然這是我們對這個說法的定義，但我們經常在請經理人談談養成對他們來說是什麼意思時，所聽到的回答還是會大幅偏向那種對公司的簡介，而不是紮實的融合過程。他們想到的是書面作業、資料夾、影片，甚至是很多新人在入職說明的過程中所要做的指紋採集或藥物檢測。還要記得的是，大多數的公司無論大小，在任何形式的入職說明或養成上對新人都做得不多。事實上，有些公司的文化還會故意把員工搞得比較不自在！在這些殘酷、割喉式的工作環境中，同事甚至會用非正式的欺凌手段來強迫新進員工「過火」，以搞懂不成文規定，並認清誰會在頭幾個星期幫助他們適應組織。他們的想法是，只有最高竿和最機靈的人才能存活下來。很遺憾，最常見的後果是，當新人上路了四、五個月還達不到業績目標，似乎得不到適切的資源，或是沒有以經理人所設想的方式帶來貢獻時，管理階層就把矛頭指向員工，而不是自己的作為（或不作為）。

好消息呢？用心的養成可以預防這種事發生，也就是立刻讓新人上手，並大幅提高成功的機會。

養成員工的重要性

幹嘛這麼費事？你可能會想說，只要新人搞懂了要怎麼把工作上的重要部分給做好，他就會過得不錯。你可能從來沒有在組織裡受過正式

養成的經驗，而且你或許就是一帆風順。但對這個過程沒有投入足夠的時間與心力會大有風險。全球市場情報機構 IDC 表示，美國和英國的員工因為並未充分了解自己的工作，每年估計就要花掉企業 370 億美元。他們的白皮書《370 億美元：計算員工誤解的成本》（$37 Billion: Counting the Cost of Employee Misunderstanding）是把員工因為誤解或誤認就採取行動所造成的損失加以量化。此外，我們還聽到了很多新人早早就折損的案例，因為他們覺得自己難以跟公司的「圈內人」打成一片。人資專家的進一步研究顯示，**新進員工平均有 25% 會在第一年就離職。**

有意義的參與是從縮短鴻溝開始

假如你們是個重視人才的組織，藉由制訂周全的養成流程，讓他們從一開始就充分參與，這將有助於確保你們掌握到他們為公司所帶來的豐富見解。這個及早參與的過程是在整個科層中向上、向下及橫向磨合的有力機制，並可為這些新的工作關係定調。記住，好的養成比較全面也比較刻意，而不只是在處理行政細節。廣泛來說，它是以刻意的方式向新人介紹組織內的事是如何完成，並提供真正圈內人的觀點，包括：

- 參與者有誰
- 內在的公司文化究竟是什麼樣子，以及事情是如何完成
- 培養個人的生涯目標
- 組織特有的「一般公認升遷準則」
- 了解內部的權力動態

每家公司可能會為養成訂出一段特定的時間，從一週到有時候的六

個月以上。但熟悉新的職位或團隊要花多久，這也要視工作的複雜度以及新人所要了解的流程複雜度而定。對養成所投入的時間和心力主要是看組織有多重視新進員工對於組織風格與文化的社會化。

只要處理得宜，員工的入職說明就會是個絕佳與立竿見影的機會來縮短任何可能存在的鴻溝，在你和員工之間樹立良好的溝通基礎，以及在促進和提高績效之餘帶來更多正面的結果。你不僅要幫忙培養與更廣泛社群的連結和多元人才的管道，否則不見會有門路，而且還要幫忙確保員工也能受益，包括減輕新進員工的壓力，以及提高工作滿意度和留才率。

如果有人還在懷疑養成的成效，不妨來看看美國電話電報公司（AT&T Mobility）有一位主管表示，業務部門的養成作業在三個月內就使生產力和投資報酬出現了四成的改善。此外，一開始就把存在的權力鴻溝縮小並對員工磨合，也會降低新進員工覺得遭到現有團隊排擠的機率。如果是新人和新的團隊成員內部轉調到你那組去，這點同樣適用。從進門的那一刻起就縮短和新人的鴻溝，你還會看到生產力上升和結果更理想、更快的好處。

LivePerson 把養成當做灌輸核心價值的機制

在 2010 年成長還很快的時候，LivePerson 的執行長羅勃·羅卡席歐（Robert LoCascio）就採取了措施來確保公司的成長方式會守住「成為主人翁」和「幫助他人」的核心價值。但成為主人翁和幫助他人是什麼意思？在全球人事主管史提夫·史洛斯（Steve Schloss）和人才管理主管艾迪·米契爾（Edie Mitchell）的帶領下，那年稍晚推出了「全球迎新課

程」（Global Welcome Program）。它是新人的親身養成體驗，為期三天。全球迎新每八週舉行一次，地點在紐約或以色列。不分職位或地點，員工都要搭機去參與這場重要的體驗。在為期三天的養成中，它規定每位員工都必須走入社區去幫助他人。有一群與會者選擇去敲麥當勞叔叔之家（Ronald McDonald House）的門，了解他們的宗旨與做法，最後還捐了玩具給該組織。有的人則是送餐給返家的病患。接著員工一起回來陳述這段體驗，以及它帶給自己、彼此和社區的影響。雖然這看起來可能像是件很花錢的事，但它對員工參與組織所造成的長期影響卻是無價。史洛斯說：「回報展現在個人身上，並證明了員工對 LivePerson 說願意是正確的決定。」

內部轉調和外部聘用人員的養成

「蕾吉娜」的公司是一家大型的金融服務組織，她被派去主持校園徵才時，這是她第三次出任務。雖然她並不是新進員工，但她是從其中一個營運單位輪調進來，所以她是新接觸到徵才與人資的職掌。她的經理知道這點，於是在蕾吉娜的第一週，他便事先安排了整整五天的會面與午餐會。經理把蕾吉娜需要聯繫的每個人都列出來，好讓她的新工作能順利進行，從行政支援、員工關係到人資體系，部門中的環節一個都沒有漏掉。

靠著安排這些會面以及向她介紹所有的要角，這個養成過程做到了兩件事：蕾吉娜的老闆讓她感受到了歡迎與連結，蕾吉娜則是幾乎立刻就有辦法排定徵才的行程，因為她手上握有一切的資源來啟動徵才季。不像許許多多的新進員工會覺得自己彷彿是在拖累別人，因為每個人都忙到無法給他們適當的提點，蕾吉娜則注意到，她所遇到的每個人都不

咨幫她，並且已準備妥當。這所定下的基調是，蕾吉娜的角色很重要，而且也很重要的是，她發揮得很好，這指的不只是她的工作職責，還有她身為團隊的一份子。到了當週結束時，蕾吉娜已知道接下來要怎麼走，以及問題要找誰來問。蕾吉娜的經理始終努力在縮短鴻溝，並把蕾吉娜連結到蕾吉娜在整個科層鏈當中所要仰賴的人員。如此一來，她便為蕾吉娜預約了成功，並促進了她的貢獻能力。

相較於蕾吉娜的經驗，「裘希」則是進入了一家新組織，而且之前是任職於一家大得多與科層許多的公司。在舊有的工作上，裘希有執行助理在打點一切，從替她安排車輛接送，到幫她在加班時訂晚餐。除了要處理這一切雜事，每位助理都還有大學學位。人人都能寫出很棒的備忘錄，並處理多到不行的工作；她的助理幾乎是裘希角色的翻版。不過，裘希來到比較扁平並偏重自己動手做的組織後，卻沒有人告訴她各團隊成員是如何一起工作。她跑去找行政助理，以舊有工作的那套方式來下令，結果那位女士看著她，彷彿她長了角一樣！在新公司裡，行政助理的職責非常固定。裘希假定新組織的流程是以同樣的方式運作，在別人眼中卻是欺人太甚與盛氣凌人。要是有適當的養成，也許甚至是內部的戰友，裘希就會掌握到資訊與技巧來跟角色明確的助理最有效地共事。裘希也能採取主動來深究內部流程，並學習要怎麼跟其他團隊成員共事最好，而不是仰賴假定。

連結

蓋洛普的研究發現，有超過三成的員工表示在工作上有摯友。在工作上沒有摯友的人對工作投入的機率只有二十分之一，有摯友的人對工作比較投入的機率則是七倍。這個七倍的機率會更高。適當的職前準備和經過

仔細設計的養成策略會有助於新進員工認識組織裡的其他人，並能讓這樣的關係發展得更自然。

歡迎千禧世代進入圈子裡

研究顯示，在「留住那些新進的 Y 世代大學畢業生」時，成功而貼心的養成格外重要。有一項研究發現，很驚人的是，有 46% 的新人撐不過工作的頭十八個月。但公司如果特別留意到，在現今的企業界中，千禧世代是以不同的方式在學習和經營，那這個年齡群的新人就比較容易成功與留住。

成功的千禧世代養成計畫可能包括，讓他們馬上就有機會貢獻或建議新的做法，滿足他們在工作上需要有意義的挑戰。清楚介紹每家組織的企業文化也會使千禧世代受惠，尤其是當企業目標牽涉到在公司內、更廣大的社區、或許是在全球表現良好時。千禧世代喜歡團隊合作，並偏好在同心協力的環境裡工作。仔細去把千禧世代連結上同儕團體，並營造出同心協力的工作案件與環境，以幫忙為較年輕勞工的成功奠定基礎，並協助他們全力為組織付出。Y 世代員工想要連結彼此，並在組織內外建立與善用人脈。養成要是對這種人際關係的建立缺乏著墨，就無法順利讓新人融入團隊，並可能引發挫折與焦慮。

像眼鏡公司 Warby Parker、男裝店 Bonobos，以及美妝用品訂購平台 Birchbox，這些創新的紐約新創公司也很強調這種互動與建立關係的重要性，有時還要有幽默感。它們的做法包羅萬象，從 Warby Parker 的開發人員所設計的電腦程式會「隨機指定和不同員工共進午餐的日期」，到 Bonobos 的招聘經理催生出全公司版的遊戲「虛虛實實」（Two Truths and a Lie），新進員工的同事必須猜一猜，對新人的描述有哪些

其實不是真的。這些公司體認到，除了給人資訊、管道、期望和方向，把人互相連結會證明是打造團隊的最佳方式。

順利養成的阻礙

假如養成對公司和員工都是這麼大的雙贏，那為什麼有這麼多公司選擇跳過這一步？我們看到不少被動的態度和流程儼然對適當提點新人構成了妨礙。

首先就是沒讓新人得知可資運用的適當管道，或者根本就是設立了太多級的科層或動作遲緩的官僚。當事情在內部耗時太久才能做到時，這就會扼殺掉新人所能帶給組織的活力與創意。各位在設計養成計畫時，要考慮到可以如何充分利用新血所帶來的新鮮構想，並確保他們有地方可以把新手的鏡片與創新的構想派上用場。

員工坦承，**最適合定義成「你死我活」的公司文化會扼殺掉他們的學習過程。**當文化太有侵略性時，它就會迫使員工「強出頭」來表現自己所知道的事，而不會展現謙卑來表明自己有什麼可以學習的事。這常常會使團隊行動受到壓抑，反倒凸顯出單一人員的個人成就，而無視於團隊成員的風格與偏好。此外，連對最積極主動的人來說，這種自求多福的心態也壓根反映不出他們的實際需求。出身其他文化的人要學習不成文規定會格外困難，尤其是偏好比較間接溝通式文化的人。多元化的新人不見得習慣靠非正式的人脈來強化要怎麼讓本身的工作與大環境融為一體。比較年輕的員工或許甚至還沒坐穩職位，就會立刻出手擴展自己的觸角。有些人在駕馭新文化時的確不需要很多幫忙，但新進員工也的確並非總是知道自己需要什麼。他們並不知道自己不知道什麼！訂出流程來協助所有的新進員工接受組織的提點會好得多。

我們已經點到了或許是適當養成的最大阻礙：對流程缺乏投資。我

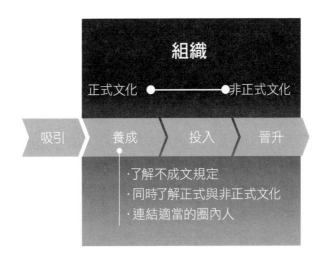

「養成」在人才管理流程中的重要性

們聽無數的員工說過「我甚至不曉得要怎麼把自己的工作給做好」，或是「我不曉得要怎麼讓自己的想法被聽到」，最常見的則是「我的經理太忙了，我不曉得有問題要去哪裡問才好」。所有的經理人都知道，訓練員工很花錢，在時間和資源上都是，而且徵才也要花錢。一旦應徵到了頂尖人才，就不要在養成上吝嗇，以免省了小錢卻花了大錢。你不僅是浪費了那些時間和金錢，也錯失了良機來為組織打造創新的文化。想想這點：團隊中的新血能讓你得到新的觀點，以及競爭對手的情報。

同時，每次的養成過程都是個機會來學習新的做法，並評估本身在業界的定位。假如你花時間以深思熟慮的方式來落實養成，你就能讓渴望證明自己的新鮮人才發揮出最大的實力。畢竟他們會想要拿出一些看家本領，好讓你看到他們的最佳實力。不要放過這個機會，而任由他們在缺乏方向、引導與支持的情況下自生自滅。

在適當的養成下，更加投入的機率就會提高。經過提點的團隊成員

很容易充分參與，能加速本身的工作，表現也會符合或超出預期。

拉近與公司新進員工的鴻溝

就新進公司的員工而言，養成的過程是個大好機會，不僅能向他們明確傳達出你們的宗旨、公司價值和內部流程，還能拉近鴻溝並了解為他們形塑互動與所偏好溝通風格的價值。與其強迫新人完全順從現狀，不如把差異點視為機會。各位可以從第 4 章所談的三個問題著手，以便為想要如何擴展關係來定調。當你注意到脫節或是自己不了解的時刻，就可以應用這些額外的預備問題來自問新人的事，並針對新人來設計：

* 他們在想什麼？行動背後的意涵為何？
* 他們之前的工作經驗對於他們在這裡的行為可能會有什麼影響？
* 我要怎麼跟這個人連結？
* 我要怎麼讓她更充分地融入組織？
* 我要怎麼雙管齊下來說明正式的期待，並解釋不成文規定？
* 我要怎麼站在她的立場來展現正向的意圖？
* 我需要知道什麼還有誰，才能在這個組織起步？
* 我能不能把這個人連結上其他的相關人員或內部戰友，以協助她找到自己的路？

新任的經理人可以把養成的過程當成有力的場合，以便在比較細微的層次上來展現不同方面的工作專長。你可以運用這些問題，並表明自己的意圖，以藉此了解這個人。

「菲爾」是新接任資深副總裁角色的經理人，打從一開始，他就跟新接掌團隊裡的每個人坐下來把話講明。「我是有話就說的人。」他見

一個就說一次。「我喜歡直接和面對面溝通。」接著他問每個團隊成員說：「你所偏好的工作方式是什麼？」靠著先表明自己的偏好，他費盡了心思來拉近鴻溝，好讓其他的團隊成員有機會展現出自己的偏好。就算沒有文化、性別和世代上的相關差異，背景雷同的人也能以南轅北轍的方式來溝通！有的人認為，人絕對不會有溝通過頭這回事。他們寧可你一再重複特定的訊息。有的人則只想要摘要版的報告，或是兩分鐘的最新提要，而完全不要細節。別人用了三個字，他們只用一個字。擁有這兩種迥然不同溝通風格的人如果要處得好，他們就必須注意到這點差異，並學習互相共事的成功之道。公開自己的偏好，然後問別人要怎麼樣工作最好，而不是假定他們的做法就跟自己一樣。

經理人在把新人帶進團隊裡時，打造出不管是由你還是整個團隊來指導新血的文化可說是至關重要。比方說，對所屬團隊訂出兼容的期待，並詳細討論要把新人擺在團隊結構中的什麼地方。請不要犯下菲爾在為團隊增添新的業務員麥特時所犯的那種錯誤。這位新的業務員極具潛力；菲爾的問題在於，**他並沒有讓所屬團隊準備好來接納麥特**。菲爾的觸角遍及全球。他是非常忙碌的經理人，有九成的時間都在外面跑，而這也是他很振奮能請到麥特來負責日常業務管理的部分原因。不過，菲爾並沒有花時間回頭在總公司裡打造出兼容的團隊文化。結果在業務職掌已然競爭的本質下，菲爾的業務團隊覺得麥特是菲爾的愛將，於是就排擠他，而沒有幫助他習慣團隊的流程。被放牛吃草的麥特並沒有那個本事注意到並導正他們對他在團隊中的位置所產生的誤解。麥特雖然能幹，卻發現自己的新角色做得並不成功，尤其是因為他無法針對那些構成組織根基的人向下往來，像是那些擔任基層業務支援角色的人。麥特任職六個月後，這位讓菲爾深感振奮的大物新人便萌生了辭意。

自我養成

假如你是新進員工或調任到新的團隊，你應該要使出渾身解數來向上及橫向往來，以拉近和經理人與新同儕的鴻溝，同時對那些擔任支援角色的人向下往來。假如你所應聘的是責任重大的管理角色，那除了觀察和發問，你還會發現，**展現謙卑和不要「自以為無所不知」就能贏得周遭人員的尊重**。個人的應對之道各有不同。

「南西」是一家大型非營利組織的專案經理，新職位讓她很興奮。不過，由於這個新職位等於是從之前在保險公司的工作轉換職涯，因此她對這行所知非常有限，並且決定要採取比較「眼觀四面、邊走邊看」的做法。在上任的頭幾個星期，她在開會時都保持沉默，也不急著建立新關係，而想要對組織的內部鬥爭是如何運作有個概念。不過，這卻為別人對她的觀感帶來了負面的衝擊，包括對南西期望很高的經理在內。基於她的經驗度，他要她立刻就進入狀況，在會議中充分掌握自己的前導案件，並和組織內的各部門建立關係。一察覺到與期望有所脫節，南西就能相當迅速地切換檔次。不過，她的連結意願、主動性和奉獻度在一開始所給人的觀感已然成形，所以她必須在這方面加緊努力，才能得到她想要在別人心目中所建立起來的公信力。

有的人則是碰到相反的問題。很多人有時候會難以克制，超想表現出自己懂些什麼，並向公司證明把你找來是正確的決定。不過要知道的是，端賴現有團隊的關係，想要賣弄自己的本事或許會適得其反，甚至會使周遭的人疏遠你。我們所訪問過的許多權力鴻溝高手在一頭栽進去之前，都會花時間去釐清新公司文化的小細節，以及要怎麼和周遭的人溝通最好。

要是沒有正式的養成過程，你在縮短與新同儕和新上司的鴻溝時，可能就要非常直接。李歐麗在生涯早期應聘擔任行銷的職位時，總裁在

公司上下都是把她當成自己的門生來親自關照和引介。於是這個過程就到此為止。由於總裁是她的頂頭上司，能給她的時間少之又少，因此她便採納同僚的建議，把人員的行事曆加以造冊。這個職位要和顧客及內部團隊共事，包括財務、業務和工程在內。歐麗別無選擇，只能拿起電話約時間，並晃到現場向人打招呼，以試著釐清她的工作會牽涉到誰，以及她的相關人員有誰。就某方面來說，她在縮短鴻溝時，對於它的存在並沒有任何明確的意識。她假定自己可以上前對任何人打開話匣子，而且自己有責任要這麼做。雖然自我養成是很大的考驗，但她融入得非常快，並在很短的時間內就培養出了信賴與關係。

出色的養成模式

有很棒的例子是，公司做對了養成，把新人連結上相關人員與導師，帶他們融入團隊，訂出明確的績效期望，針對要怎麼達成目標來協助他們擬訂計畫，給他們真正的規則手冊來解釋流程與團隊職掌，並把體制上的重要知識傳授給新人。我們也從所訪問的客戶和領導人身上學習到，要怎麼因應養成做得不盡理想以及人員在養成上要自求多福的環境。成功之道就是縮短權力鴻溝，並針對新同事來磨合。

十年前，位於維吉尼亞的「第一資本」（Capital One）靠著大舉投資延攬了頂尖人才來推動野心勃勃的成長計畫。可是等這些新來的主管和經理人全數就了定位，公司卻發現所期待的產出不如預期。預測會有所提升的創意與創新並沒有成真。新血並沒有接通團隊的人脈，也沒有與員工連結。慘到不行的是，有的新人在第一年就掛冠求去，並對缺乏養成的過程表示不滿。有的則是奉命走人。

為了幫忙扭轉局面，公司的訓練和培養團隊訂立了名為「新領導人融合計畫」（New Leader Assimilation Program）的新流程，以藉此讓

新來的主管和經理人有迅速而全面的流程可資遵循，目的則是要塑造出有產能又創新的領導人。流程的一開始是讓新來的領導人針對他們所要步入的工作環境來了解全貌，從團隊內的既有挑戰到績效期望不等。這既確保了新來的領導人會與團隊成員打交道，也是在鼓勵溝通。它還設下了固定的里程碑，使新來的領導人在六個月後會聽到全方位的建言，進而修訂目標並評估每個人的優勢面與挑戰面。

有很多人在接掌職位時，都希望有人能給我們一份地圖來說明「所有的地雷是埋在哪裡」，好讓我們能避開！你所擔任的職務或許原本有內部人選，所以他在迎接你進團隊時便冷淡到不行。也許你注意到，有個同儕在跟團隊中的行政人員共事時可以有效得不得了，你卻還摸不透與他們打交道的正確方式。

第一資本以《新領導人專屬銜接指南》（Customized New Leader Transition Guide）的形式做出了這份地圖，報告中以所有新血的相關人員為來源，同時搜羅了實務與私房資訊，好讓領導人掌握到每個與團隊無縫接軌的優勢。領導人不僅在開始前就得知每個相關人員對於團隊的誠實評語，對於團隊以及每位團隊成員在組織內的重要歷史也更加了解，並獲悉了一些在銜接不良時所沒有的那種體制記憶。新人的經理人也利用《銜接指南》來辨別潛在的麻煩點，並為新人訂出為期三個月的培養計畫。

有些權力鴻溝的高手隨時都能拉近與新任團隊成員和部屬的鴻溝，有的人則需要多一點的幫助。在第一資本，養成的過程包括在第一週會主辦團隊會議，好讓員工認識新經理人的一切，從她的個人目標、教育背景到所偏好的溝通風格。此時主辦人要幫忙拉近新人和員工之間的距離，使他們有接觸新老闆的管道與機會。為了幫助新來的經理人與同儕橫向往來，每位新領導人在頭九十天裡都會獲派一位「戰友」或同儕導

師，以協助這位領導人駕馭新的公司文化，而且過了起初的養成期後，他經常就會成為親密的同事。

在第一資本舉行過迅速或加速養成的九十天後，新領導人還是會得到建言，並且要肩負起自己的績效計畫與目標。到六個月時，每位新來的主管和經理人都會收到全方位的績效評估，並能以部屬還有同事的觀點來比較自認為表現得好不好。這有助於新的領導人上軌道，甚至在必要時調整策略。總之，第一資本投入了大量的時間、心力與資源，以確保新來的主管和經理人能快速而有效地養成，而它的努力也帶來了豐碩的成果。

這種迅速或加速養成跟「瑪麗」的新東家成功運用的模式很類似。她離開保守的銀行機構後，就跳到了一家做事方法截然不同的公司。她的新公司屬於分權式，各單位彼此較為獨立，跟她所習慣的情形不太一樣，而她也盛讚良好的養成有助於她認清事情的做法。瑪麗在很多不同的地方和情境中工作過，知道有好幾個對她的職位至關重要的職掌都有賴於知道各組織的內部流程和不成文規定。例如她需要知道說，要怎麼為團隊取得預算經費。也許預算是由某一個人負責編列，但把關的是另一個人，而知道要如何在這兩人之間的相互作用上斡旋則證明對團隊的成功至關重要。她所堅守的重要性在於，在接掌新職位時，要學的不只是分內之事，還有要如何互相交際。「令人訝異的是，我們教電腦要彼此交談，但我們卻還不明白要怎麼以人的身分來連結，並跨越差異來溝通。我們在這方面還是做得一塌糊塗！」

在九十天的養成過程中，瑪麗獲派了一位同儕導師。不過，瑪麗並沒有拿到內容明確與透徹的書面指南，缺少銜接資訊也造成了她的困擾。在上任的頭十週裡，瑪麗就有一位部屬辭職。對坐上新職位的經理人來說，團隊中很快就有人離開絕對提振不了士氣。不過，結果原來是辭職

的女子有去應徵瑪麗的職位，並對於自己進到這個團隊深感不滿。但沒有人把這件事告訴瑪麗，並針對團隊在她開始前所發生的事來解釋這段重要的內幕。她很沮喪自己對這件事毫無所悉，否則就可以幫忙緩解後果，於是她考慮去找上級投訴，但後來改變了心意，並轉而去找同儕導師。藉由採取橫向的做法去請教同儕導師，瑪麗避免了被老闆視為愛發牢騷，疑問也得到了解答，並表明她想要在事前就掌握到所有的資訊。由於她的同儕導師對於局面會變成這樣感到很難過，因此瑪麗說：「從那時候起，他就有點『虧欠』我，並使我們成了同舟一命。」他們往來很密切，而他也一直不斷向她通報消息。

不光只是在了解不文成規定，瑪麗說：「在養成的過程中，你還要研判別人是不是想要幫助你在生涯中前進。」瑪麗應聘進來時，組織其實正在凍結招聘。為了爭取必要的新人，以利於部門的績效，她必須通過層層關卡來獲得批准，而且決定全都是籠罩在保密到家的氛圍中。連人資人員對於所有開出來的職缺都一無所知！在開始擔任新職才兩週後，瑪麗就得知提報新職位的截止期限快到了，而幕僚長和事業負責人仍然沒有告訴她大概的數目是多少。她沒有得到所需要的資訊，於是瑪麗選擇縮短鴻溝，並對她的上司向上磨合。有一天，她看到高層正在會議室裡開會。她打斷他們的話，並問到了所需要的數目。以一個新任職的女性來說，這個舉動很大膽。不過，她的膽識奏效了。「好傢伙，你還盯得真緊！」在把數目告訴她之前，幕僚長這麼說道。如今瑪麗不但可以把本份做得更好，她也早已把內部客戶定了調。從那時候起，他們就把她看成了事業夥伴，並體認到她為團隊所增進的價值。

「在養成的過程中，你還要研判別人是不是想要幫助你在生涯中前進。」

對於養成的過程，要記得一個最後並且經常遭到忽略的重點，那就是非正式連結常常是一些最要緊的連結。以實際的方式讓員工融入團隊，也就是身邊有自己所了解並可仰賴的人，新人的成敗就會全然改觀。在這個早期而要緊的階段，不要忽略建立關係的重要性。新人把重點擺在建立信賴上就跟公司設法和全球夥伴建構新關係一樣重要。關係構成了未來所有互動的基礎。

在讓每一位員工都有公平的機會可以成功並充分發揮所長時，採取比較策略性的做法來歡迎新人就能直接強化這點。做法正確的公司是採用橫跨數月的固定流程，並在初步的期間結束後定期檢討。過程中應該要把員工與團隊加以連結，向她介紹公司的文化，並向她說明組織中不成文規定的關鍵。你應該要為新人訂出明確的績效期望，並陪同他們勾勒出所要達成的生涯發展計畫。要不厭其煩地檢討，給予建設性的提點，而且對於早期的成功一定要表示讚許。這個過程就是你對員工磨合的第一個機會。你的努力會有一個明確的好處是，員工知道選了你的組織是對的選擇。她也會覺得對自己的工作有認同感，並且會開始全心投入，以準備為公司帶來貢獻。

通曉型領導人側寫：史提夫‧米歐拉和雷‧班恩，
默克研究實驗室——創造通曉型的公司文化

如果要成為好的經理人，我學到了不要期待別人會依照我的做法來做事。假如我能以同樣的方式來管理每一個人，這樣會比較輕鬆，可是辦不到。而且要是少了多元，那就不會有創新了。

——雷‧班恩（Ray Bain）

默克研究實驗室（Merck Research Laboratories）的史提夫‧米歐拉（Steve Miola）是訓練及職業發展主任，雷‧班恩則是「生物統

計及研究決策科學」（Biostatistics and Research Decision Sciences, BARDS）集團的副總裁。我們第一次見面時，這兩個人想要以創新的方式來解決人才「問題」。隨著我們更加了解他們，史提夫和雷雙雙展現出的通曉度也持續讓我們留下了深刻的印象。它不僅在於個人的層次，也在於組織的層次，並在公司內打造出了真正可長可久的通曉度模式。在設法為一群來自邊陲文化的科學家和他們的經理人拉近差異時，兩人所聚焦的不僅是科學家，還有他們的經理人，並體認到如果要增進了解與成功，那對每個人都要下工夫才行。雷在默克的工作所建立的部門有助於這種成長，所打造出的公司文化 DNA 則是很重視對差異的共同深究，並著眼於善用而非消滅它。

人才「問題」是雙向道

基於它的工作本質，默克研究實驗室聘用了為數眾多的科學家，包括統計學家在內。人選皆為博士，有優異的學歷、基本的研究經驗，以及把本身的技能應用到全球藥廠內的動機。過去幾年來，他們聘用了一大群中國博士，使得研究團隊裡滿是亞洲人。公司獲得了一支世界級的科學人才團隊，但後來卻發現，這些科學家有一些迥然不同的互動風格，使他們清一色為非亞裔的經理人不太習慣。而且他們體認到，其他的團員和經理人過分強調要讓大家「融合」，而不是一起努力來承認並且互相了解和善用他們的差異。

雷決定要改變，並致力於重新建構整個部門要如何了解及處理差異，尤其是在文化方面。他們試圖透過方案以強力的手段來縮短鴻溝，而且為了做到這點，他們並不怕冒險。在這個過程中，他們訂出了雙向的方案；它不只是要幫助科學家了解自己可以如何培養領導技能，並對文化差異有新的理解，還要幫助經理人和管理階層了解文化的動態，以及可以如

何主動做點什麼來改善工作關係，並促進科學家的發展。

在生物統計及研究決策科學集團中，資格顯赫且多元化的科學專業人士為組織帶來了至關重要的價值。「但我們需要讓整個團隊了解到，假如我們要有效因應亞洲科學家在目前和未來的增長，那不管是科學家還是管理階層，風格都需要調整。」雷說。「對於管理階層，我分享了自己的心得：不要期待別人會依照你的做法來做事。不是每個人都一樣。假如我能以同樣的方式來管理每一個人，這樣會比較輕鬆，可是辦不到。而且要是人人都一樣，那就不會有創新了。」

打從一開始，他們就知道有所脫節，但並不了解全盤的動態。他們發揮了永無止境的好奇心來探究問題的根源，並找出最好的辦法來從中學習與成長。史提夫和雷是打從心底關切，並告訴我們說：「我們把這些人請來並管理這些人。我們注意到他們相繼求去，也注意到他們心不在焉，但卻不明白是為什麼。」令我們驚豔的是，史提夫和雷的通曉度是如何創造出這種獨特的文化，使這種談話得以出現在環境中。我們一起制訂了方案，使亞洲科學家和管理階層都能在默克適得其所。方案中為科學家安排了密集的訓練課程，以幫助他們更加了解要如何把本身的文化價值發揮在職場上，並協助他們建立領導技能。訓練中包括和部門的高階領導人討論，並輔以經理人的圓桌會議，使經理人與科學家之間的差異能得到嚴謹以及更重要的坦率探討。這使得經理人對其他的文化有了更深刻的了解，並協助他們為團隊的發展與互動訂出了作戰計畫。

定調：把觸角延伸到各個層級

重點在於，要注意到這些解決之道並非憑空出現。我們貢獻出專長，並協助參與者把課程上完。但我們之所以能應邀來做這件事，參與者也能以開放的態度來展開那些困難的談話，**靠的都是公司的文化**。

「把差異當成機會」的組織會責成各方從本身的內部來尋求解決之道，並看出每個人的價值會如何為個人的轉型奠定有力的根基。

　　這樣的公司文化是由通曉型領導所塑造而成。雷和史提夫對員工所展現出的無條件正面關懷、他們對差異的好奇心，以及他們對相異文化模糊地帶的自在感，這都證明是當磨合成為關鍵的管理策略時，領導階層可以怎麼做的絕佳例子。史提夫和雷不僅支持並善用彼此的能力與創新思考，他們的信念與行為也使效果倍增，所創造出的公司文化則有助於啟迪、重視與獎賞日常行為中的通曉度。

通曉型榜樣

　　有一位早在 1990 年代就加入該集團的研究員還記得自己待過雷的麾下。他很佩服管理高層的能力，因為他們所幫助的不僅是個人，還有多元的組織。「我把雷和他的團隊視為榜樣。」這位研究員說。「他們在公司內外都很受敬重。他一直對我很好，會提供機會來讓我培養對外與對內的領導能力。」這位研究員覺得，生物統計及研究決策科學集團的領導階層都有共同的顯著特徵──能有話直說，但對部屬還是很尊重，並願意向底下的人徵詢想法與意見。「當人員在腦力激盪中提出想法時，雷就會以身作則。他不會在那時候談論自己的想法。假如他的想法與腦力激盪的走向有所抵觸，他就會傾聽與支持，而不會硬要當主角。在這個過程中，他不會強推自己的想法。假如大家真的一無所獲，他才會提出來，但也會鼓勵他們創新與討論。大部分的經理人都試著要模仿他！我就是其中一個。」

　　雷的通曉度展現在他對於組織各層級的個人都很信賴，並能看出他們的潛力。我們一走進默克去和研究實驗室共事，行政助理就展現出強烈的渴望要了解和各級管理階層往來時的文化差異，並要求參與訓練。

身為科學家和管理階層之間至關重要的斡旋者，他們也想要更加了解跨文化的技巧，並改善和研究員的關係。雷立刻就回應了這個需求，把他們納入會談中，並提供他們所需要的訓練。

雷不受限於職銜的綑綁或束縛，而讓行政人員可以自由追求其他的興趣與優勢並學習新技能。有一個例子是，在行政助理琳達的帶領下，行政團隊自行架設了內部網站，並完全主導這個案子。沒有一個人具備任何一種網站設計或編碼的經驗，但他們看到了中央溝通樞紐的需求，並得到雷的授權來解決這個問題。他們學習軟體，動手設計，並掌控內容與溝通。如今它成了他們這群人的中心。「行政經常被視為階級的最底層。」琳達對我們說。「可是當我坐在雷的會議中時，我總會感受到自己的重要，講話也有人聽。我的發言和意見會受到重視。這就是雷在會議中所定的調。所有的行政人員都被當成團隊的一份子。最底層的統計人員並不會因為滿場都是上司就感到畏縮。」

由於雷看得出集團中全體人員的價值，所以他能把對組織至關重要的大案子交到他們手上。得到尊重、信賴與自主改變了行政人員的觀感與能力。「行政不只是辦公桌和電話後面的人。」琳達說。「我們是有知識與權力的人。」

使通曉型文化永垂不朽

當生物統計及研究決策科學集團的人員談到影響深遠的導師時，話題常常都會轉到史提夫身上。本身就是科學家的史提夫有絕佳的條件來挑起這個擔子，並不遺餘力地提拔與指導個別的科學家，同時往意料之外的地方去尋找貢獻與價值。他深受雷的做法所影響，目前在這種一貫的通曉型結構中也占有一席之地。他會著眼於個人，並能問出所有對的問題來挖掘潛力。「找我進來做行銷的人是押注在我身上。我拿的是科

學方面的博士，並沒有行銷的經驗。但他還是把我找進了他的麾下。這是極大的挑戰，但也是難得的機會。他退休時，我對他表示了謝意，他則告訴我：『不用謝我。只要聘個像你這樣的人進來就行了！』我在尋找有潛力的適當人選時，永遠都記得這句話。」甚至尤其是當這些人與眾不同時。

在這份工作上，史提夫一直在找機會應用這套做法，並幫忙培育和指導門生。有一個令人難忘的例子是，有一位剛被任命為經理人的亞裔科學家來找他。她想要有所表現，但不曉得該符合什麼樣的期待。「她去上了新任經理人的課程，並要我當她的導師。我給了她流程的明確概念，以及支援和引導。這麼做代表我要親身去了解她第一次當經理人的挑戰，以及華人的教養是如何在文化上影響了她。」例如當他的新導生準備要提出理由來提拔麾下的某個人時，她就必須為這個決定向管理高階辯護。整個過程讓她深感惶恐，於是史提夫就協助她準備，而他的輔導也提振了她的信心。史提夫帶著她演練，在提報和洽談時可以怎麼做。「她的那場提報很成功，管理階層後來也主動向我透露說，她在那些會議中表現得有多棒。」史提夫在說的時候，對於她的成就頗為自豪。

輔導這位經理人並不在史提夫的工作範圍內。但史提夫證明是個一流的導師，而且他在做法中所展現出的通曉度在於，他既能給予忠告與引導，又能注意到自己所不知道的事，進而從有別於自己的經驗當中學習。這位經理人也有可以教他的地方。「你必須和這個人坐下來並了解阻礙。以她的眼光來看世界對我是個挑戰，但卻有助我理解。接下來靠著完全坦誠和投入時間，我設法提振了她的信心。我卸下心防分享了自己的故事與經驗，成功和失敗的都有。」

在類似這樣的科學背景下，喜歡自己工作並秉持理論來工作的人所具有的「研究性格」就會跟引領企業成功的普遍期望與規則產生衝突。

對前者而言，成功的衡量標準是獲得刊登的頻率、文獻分析的精準度與深度，以及報告的詳盡度。同心協力並不被視為解決問題的明顯技巧，但在企業的環境中卻是絕對必要。史提夫本身既寡言又善於思考，並具有出色的觀察本領與無比的好奇心，所以他了解許多科學家比較一板一眼的風格。他從雷的身上學到了要問關鍵的問題，包括他們可以如何把本分做得更好？他們可以如何在組織內更上一層樓？並協助他們克服成功的障礙。

在發表演說〈聰明還不夠〉時，史提夫談到了科學家有多「**必須就自己的專長來和別人溝通，好讓他們了解**。在研究員的生活中，這些技巧磨練得並不夠。此外，你的文化差異也會影響到溝通……你可能具有世界上所有的天賦，但全部悶在肚子裡，它就跨越不了障礙。『你得到這份工作了，恭喜！實際的作業現在才要開始。』」當史提夫談到對他影響深遠的導師和領導人時，他馬上就提到了在文化才能上力挺相關工作的同事，並了解問題所在。「在對政府和學術機關演說時，雷被問到說：『你們所找的都是哪一種人？』我們則試圖表明，我們所找的不只是科技才能。那或許會讓你得到面試或聘用，但如果要往前邁進，所需要的技能組合就比較廣泛。你還必須有效溝通，並在團隊中同心協力地工作。如此一來，你才能待下來。接著如果要往上爬，你還必須善於關鍵思考，必須要有遠見。」

放眼未來

有一年，在我們年度領導課程的尾聲，有一位高階領導人把我們拉到旁邊說：「我只是想要告訴你們，我還不曉得究竟是怎麼回事，但局面已有所改變。亞裔在談論本身的工作時，方式不太一樣了。我說不上來，但肯定是變了。」當你在組織的層面上對人才主動伸手並拉近那個

鴻溝時，就會出現這樣的情形。史提夫和雷了解廣大團隊成員當下與未來的價值，並致力於協助他們建立技能，以幫助他們更上一層樓。由於他們看得出這群人的價值，因此便對他們大舉投資。

隨著個人持續成長，這種好奇的文化也持續茁壯。它為公司帶來了創新與擴展業務的機會。

六年前，生物統計及研究決策科學集團是以一個丁點大的團體從中國起步，目前的觸角已擴展到亞太地區。如今在一個跨國企業競逐人才的國家裡，它是個成長中的組織。建構組織的努力得到了回報，無條件正面關懷、支持與贊助則是它的特色。我們還記得第一次跟雷和史提夫談話時，他們就預測在全球各地會愈來愈常與亞洲人共事。而多年以後，可以讓他們感到自豪的不僅是自己的預言成真，而且他們是從第一天起就做對了！

導師、贊助人、教練
和給予建言

第一條規則就是，不要灌水。建言要直接才好。你不需要口吻嚴厲，但要把事情的好壞講清楚。

在某些文化中並不稀奇的是，新人在第一天上班就寄望於比較老經驗的同仁，並說：「我要怎麼成功就有賴於您的教導了。」然後期待比較資深的人員會引領並教導他把工作做好。新來的人承認自己需要幫忙，並說：「因為您比較有經驗，所以我需要您的建議。」同時表明他在工作關係中的資淺地位，對權力鴻溝承認得非常清楚。確切來說，在像南韓或日本這種強大而科層的儒家文化中，你甚至會稱呼大你一、兩歲的人為「哥」或「姐」，即使是辦公室裡的同事。

從北美的個人主義角度來看，這聽起來或許像是你在溺愛資淺員工。但假如你是在亞太地區的其中一個國家工作，資深人員就會被期待要採取主動的角色來關照加入組織的資淺人員，並形成教導與指導的持續循環。老闆在從屬關係中要擔任導師，比較年長、比較有經驗的人則被期待要和比較年輕的人展開關係。假如在那樣的文化情境中沒有做到這點，資淺的員工或許就很難在那個組織中往上爬。在美國，這種現成的責任並不像在其他某些文化中那麼根深柢固。我們期待在第一天和初步的介紹後，新進員工不分年齡或階級，就能靠自己摸索出誰是重要人物，並學會交通規則。

隨著經理人與具備各式各樣差異的員工互動得更加頻繁，我們也在建立有益的指導關係上看到了更多挑戰，就在它的需求比以往更形重要的此時！要有效建立導師或贊助人的關係必須靠我們在第二部中所談到的磨合技巧，以打破任何既有的障礙來打造這些關係。有大量的資料顯示，指導和贊助是重要的成功因素，我們也看到組織慢慢懂得重視正式的指導計畫，尤其是對於女性和多元文化的專業人士。

就跟有效的養成技巧一樣，藉由把你所學到的東西傳遞到你的影響圈，適當的指導可以讓新發現的磨合技巧效果倍增。透過這些關係，你可以協助個人學習和練習磨合技巧，接下來它就會廣泛擴散到組織裡。

差別在於，養成是以組織流程為基礎，指導則是對員工一對一投資以縮短權力鴻溝的大好機會。

支援、引導和培育員工的多種方式

在我們談到最佳做法前，把經理人在「支援個別員工生涯方面可能會扮演的角色」加以定義和區別或許會有所幫助。導師的角色是要給予現成的生涯引導，送出邁向成功的情感支援，並把工作上的不成文規定傳授給導生。

在這段密切的關係中，當員工有疑問時，導師就要擔任他的諮詢對象。導師要提供親身的經驗與影響力來加以啟發和引導。好的導師不僅要傾聽導生的心聲，並了解他想要往哪裡去，還要預測所要探索的發展需求和選擇。「我知道你需要增進管理技巧；我可以幫上什麼忙？我可以怎麼幫助你仔細思索後續的步驟？」他常常也會有影響力和勢力可以提供發展的機會與能見度。要注意的重點是，導師不必是員工的經理人；人員可以從組織內外各層級導師的身上受益與學習。身為經理人，你或許不只要擔任導師，對於同儕、更高階的經理人或社區中搭配良好的領導人，你也會從指導關係中受益。

「贊助人」則在好幾個重要的層面上與導師有所區別。此人是在擁護員工，而能這麼做是因為他的職位有影響力，在組織內舉足輕重。贊助人在公司的科層裡常常是非常高階，甚至或許是身處在門生的部門外，但還是能為他爭取到機會。門生不見得常跟贊助人互動，而且關係很可能遠不如像跟導師那樣的密切。由於贊助人的職位層級很高，員工和贊助人之間的權力鴻溝多半相當寬廣，所以門生需要努力不懈並經過很長的時間來培養連結，才能為成功打下這樣的基礎。

但我們有聽過門生甚至不知道自己有贊助人，直到被賦予重大工作

任務的那一刻！所以隨著你的能見度提高，你或許就會自動吸引到有興趣贊助你的領導人。但這應該比較少是開心的巧合，而是你以策略性的努力來建立關係。這麼做對你至關重要，因為贊助人是要代表你出面的關鍵人物，尤其是在高層以及那些長字輩的職位上。你需要一個有影響力和權威的人來說出「我想要由她來擔任那個職務」，或者「我想要看到她往上升一級」。

除了擔任導師和贊助人，經理人也可能出任教練，以所擁有的技能來協助員工釐清問題的根源，並引導他們明瞭自己。教練不是把規則手冊傳下去就算了，還要協助員工評估自己的 SWOT（優點、缺點、機會、威脅），並自行找出辦法來解決問題。教練應該要備有正式的工具和架構來協助員工分析局勢，善用優點，並克服和盡量減少缺點。最優秀的教練會幫忙剖析複雜的議題，並帶領個人持續不斷地明瞭自己，而這也是通曉型領導的特色。

「教練」可以是你的直屬經理人、導師，或是以較正規的方式擔任這個角色的人。少數的財星五百大公司有內部教練，目的是要支援中低階職員的生涯發展。外部教練則是受過專業訓練的專家，應聘到組織裡協助領導人培養特定的領導技能，改善領導上的溝通技巧，培養全面的管理技能，或是促進他在新職位上的發展。

指導或輔導關係不僅能改變個人在某個職位上是否會發揮出潛力，還能改變他的工作究竟保不保得住。假如領導人在行為或成績上看不到一百八十度的轉變就可能被留校察看，那外部教練就會登場。這種輔導所造成的牽連最大：某人的飯碗就在一線之間。

模範指導

大部分的人都能指出一位或多位導師在自己的領導發展中扮演

了或曾扮演關鍵的角色。對我們來說，法蘭西絲‧賀賽蘋（Frances Hesselbein）就是其中一人。這位勇敢女性的出身是在賓州的強斯敦擔任女童軍團的團長，並在 1976 年時成為美國女童軍團的執行長。她在這個職位上做了十三年，後來成了「彼得杜拉克非營利管理基金會」（Peter F. Drucker Foundation for Nonprofit Management）的創辦執行長。而為了向她致敬，它在近期已更名為「法蘭西絲賀賽蘋領導研究院」（Frances Hesselbein Leadership Institute）。我們發現，法蘭西絲的領導範例和建議深具價值，而她打破了科層障礙，並展現出女性在任何角色上所具有的特點，也使所有的人更上一層樓。身為美國女童軍團的執行長，她曾和女童軍團還沒有接觸的多元文化團體建立關係，並透過她的積極參與和推廣來教導同心協力。她的領導對於擴大聯繫美國的多元社群產生了重大的影響，並持續不斷地縮短權力鴻溝，以藉此改善組織，並為本身的宗旨拓展觸角。在連結各多元團體的人員方面，有一點可證明她的能力過人。她近期還在美國西點軍校的「行為研究與領導學系」（Department of Behavioral Studies and Leadership）擔任過兩年的 1951 年班「領導研究講座」，以協助推展她在女童軍團的領導任期中所灌輸的相同領導原則。

透過網路研討會，法蘭西絲持續跑遍了全國和世界各地來指導與啟迪他人。她的工作是奠基於「以熱情來服務，以紀律來傾聽，以勇氣來提問，以精神來兼容」。我們永遠都記得法蘭西絲所教的那堂無比重要的領導課：身為領導人，我們有責任跨越性別、世代和文化來指導。潛在的回報難以估量……因為在法蘭西絲的眼中，領導是種循環。你不僅可能使某人的生涯大為改觀，還會以領導人的身分一路成長與發展。

我們也記得羅莎貝絲‧摩斯‧肯特（Rosabeth Moss Kanter）的研究，結論是**在高風險、高報酬的環境中，領導高層往往會聘用與晉升最**

像自己的人。隨著從業人員的多元性提高，不管是要找到價值、風格與心態跟我們相仿的導師，還是選擇有如在照鏡子的導生，在能力上或許都需要調整，這樣大家才會有舒適圈以外的成長機會。明顯的需求在於，要學習如何主動伸手去教導在價值和成功的動力上或許不盡相同的人。

　　最優秀的經理人和導師會是偉大的教練，雖然他們不見得會從這個角度來看待自己。還有，他們會協助下屬對於本身的優點和發展領域產生重要的理解，並協助他們仔細思考議題和解決問題，而不是光把答案給他們：「我注意到你今天自願接下新任務，而且我知道你已經做整夜了。你這麼做的理由是什麼？我們來談談你近來的工作量吧。」

　　有時候假如幸運的話，你的上級或許能把這些角色全部一網打盡：導師、贊助人、教練。這雖然很少見，但有的通曉型領導人就會像雷蒙處理概念的總裁史提夫・雷蒙這樣，投入組織之力來培養領導人，並在企業中支持正式的領導計畫。他還會親自力挺該計畫，並以導師的身分直接參與，即使他是公司的總裁。「把指導關係列為領導計畫的一環，這是我以往從來沒有經歷過的事。」史提夫的一位導生說道。「這讓人開了眼界，尤其在經濟不景氣的時候，公司照樣對領導投資，並致力於讓員工變得更好。」即使他的風格是寡言而熟慮，導生在溝通上則是屬於外放，史提夫還是能拉近與他的鴻溝。

　　「身為業務員，我的反應非常大，而且有時候底下的人會害怕跟我講事情，因為我的反應會很大。史提夫勸我說：『有時候別人打電話給你是為了宣洩，而不是為了反應。問問他們是要你做什麼。』這對於我和團隊的關係起了很大的作用。」史提夫和他的導生會定期會談，而且兩個人都會想好主題。史提夫會為導生示範通曉型領導人的風格，但也會對導生以外的員工向下及橫向往來，甚至是對他的團隊向下往來。「我的人全都知道自己可以打電話給他。」史提夫底下的一位主管證實說。

「而且他們知道他會回電。」

克服指導上的阻礙

在指導或輔導關係中，你可能會猜想，這時會碰到的權力鴻溝有別於工作職場上的其他關係。既然目標是「引導」，那占上風的是誰其實就無所謂。但有些人可能還是會在關係中碰到那樣的動態。我們在和客戶共事時，由於我們是來自組織外，所以假如他們覺得自己的地位矮人一截，有時候就會看到摩擦。就算所用的名稱不一樣，他們還是會意識到權力鴻溝，我們則必須設法把它縮小，才能贏得他們的信賴與支持。同樣的動態也會發生在個人部門或專長領域以外的教練或導師身上。假如潛在的教練或導師沒有設法縮小鴻溝，這種摩擦證明就會阻礙到期望指導關係能真正服務和引導自己的人。就如同各位在第二部學到了要怎麼向下、橫向及向上磨合，各位也需要學習如何跨越關係上的差異來啟發、支援和授權，無論是要對個人提供指導或輔導，還是本身正在尋找導師或贊助人。

有趣的是，我們常常發現有人覺得並不需要建立導師和導生的關係。他們並不覺得自己像是需要幫忙，並執意以不主動伸手來證明自己的優點。這種心態明顯會阻礙到人去體認到需求，然後採取步驟來對指導或輔導主動伸手。有些企業環境所展現出的輔導文化較其他的友善。假如你的老闆就是教練，那為自己找個教練或導師就不會顯得軟弱或有待矯正。有些組織甚至訂有指導計畫。我們很欣賞這些計畫的精神，並認為可以在一定的程度上助我們一臂之力。在我們的經驗中，最好的指導關係是自然而然地形成，但假如由組織來提供適當的結構，使來自組織中不同地方的潛在導師和門生能在比較非正式而輕鬆的情形下互相認識，這總是件好事。

管理階層可以如何幫忙促成這點？我們曾和一家大公司共事，他們採取了有創意的做法來因應一個常見的問題：對於形塑生涯具有影響力的長字輩主管和線上的工作人員缺乏聯繫。他們的辦法是，招募超過三十五位的主管，全都是副總裁級以上，並且想要跟公司內擔任下屬職位的人建立連結。他們辦了十二場不同的「你有什麼想法？」座談，每一組都是由兩、三位主管來主持討論，並協助大家跨越職級與部門來連結。有很多指導關係都是在這些座談後所形成，因為比較基層的員工有機會在非正式的情形下認識各路主管級管理階層的人，事後再去跟自己覺得連結最深的一、兩位聯絡。

贊助計畫帶來成果

針對誰能接觸到最有權勢的角色，促進贊助人與門生關係的組織作業可以幫忙解決這個存在已久的落差。「女性在做我們的工作時，往往都是等著別人來注意自己，所以用這種方式來連結比較高層的人還是會有點不自在。」瑞士信貸（Credit Suisse）的常務董事賈姬・克雷瑟（Jackie Krese）說。「不過，假如你得不到機會和銀行內最高階的主管共事，那你就沒機會看到這些關係是如何發揮作用。」

當蜜雪兒・賈斯登－威廉斯（Michelle Gadsden-Williams）在 2010 年出任瑞士信貸的多元長時，她的任務是要推展一項作業，使它可以幫忙找出陣容堅強的女性人才來擔任未來的領導角色。在領導高層的支持下，她幫忙成立了由跨部門主管所組成的團體，名為「導師顧問團」（Mentor Advisory Group）。三十位深具潛力的女性常務董事分別在所屬經理人的提名下入選。這些女性的工作橫跨了行內的職掌，橫跨了北美、歐非中東、

亞太和拉美，並代表形形色色的文化與種族觀點，包括歐洲、美國白人、中東、黑人、西語裔和亞洲背景。導師顧問團計畫是在為這些表現優異的女性媒合未來的成長機會，結合了以了解自己、他人和企業為目的的課堂教學，以及見習深入的營業挑戰與模擬。透過一年之久的計畫課程，這些女性獲得了執委會委員的贊助與指導。這些女性在同心協力的團隊裡工作，找出了所要因應的營業挑戰，並在年底時把她們的發現與行動步驟提報給執委會。構想最好的團隊後來還把本身的發現向上呈報到董事會。

導師顧問團的成功關鍵

- 跨職掌團隊凸顯並探索差異
- 能公開討論成為女性領導人的挑戰
- 直接反應出影響力、溝通風格與主管風範的重要性
- 高度信賴的氣氛
- 由主管團隊的成員一對一贊助與指導，並接觸公司的最高層

賈姬·克雷瑟所掌管的公司業務團隊是在從事外匯與商品業務，而她就是被選入導師顧問團計畫的女性之一。「獲選讓我既榮幸又興奮。」她說。她覺得這個計畫確有需要，因為女性不容易發展出強固的指導關係並接觸到執委會。誠如賈姬所反映：「這個贊助計畫中的女性很少是可能會被形容成個性害羞的人，但除非你自己主動伸手或是透過像這樣的結構式計畫，否則你就得不到那樣的贊助。當高層的女性對高層的男性主動伸手時，結果會讓雙方都有點不自在。結構式計畫則把互動給正常化了。」無論它是怎麼進行，至關重要的是，女性所接觸到的是同一批主管，並受到了該層級的指導。賈姬的贊助人是瑞士信貸的執行長布雷迪·杜根（Brady Dougan）。在這整個計畫中，賈姬是靠每季一次的一對一會面來跟布雷

迪碰面，以給她時間來討論自己的案子，並有寶貴的時間可以跟銀行的執行長相處。

> 「當高層的女性對高層的男性主動伸手時，結果會讓雙方都有點不自在。結構式計畫則把互動給正常化了。」

對賈姬和其他人來說，這項計畫的成功與衝擊影響深遠。這項計畫結束時，參與的三十位女性有一半不是獲得了晉升，就是轉任責任範圍較大的不同角色。該計畫也對公司內年輕一代的女性造成了巨大的正面衝擊；由於計畫成功，因此在本書付梓時，它正在遴選第二批女性。

●●●

建立導師關係

不令人意外的是，好的導師所展現出的一些特性會跟第一部所談的通曉型領導人相互輝映。其中一個特性就是極具好奇心，所以會鍥而不捨地深究差異。菲多利北美區的技術長吉姆‧威爾森（Jim Wilson）參與了一場我們的圓桌討論，因為他有興趣多多認識亞洲文化，並更加了解該文化對全球業務的衝擊。他以深度的提問展現出了好奇心，欣賞員工對事情有不同做法的事實，並在他們的見解和文化資本跟它對於全球市場的潛在正面衝擊之間看到了連結。

菲多利北美區的總裁湯姆‧葛瑞柯把這股對人的好奇心以很棒的方法加以落實，以便在第一次與人會面時就真正去了解他們。他的做法如下：每當他出席會議時，他就會要每個人輪流自我介紹，並在他們這麼做的時候把他們的姓名、事業單位和職掌記在一張紙上。他對於記得別人的這些重要私人細節很講究，而且在將來談話時還能想起來。由於他

向下管理十分出色，並且會下工夫與員工連結，因此他才能成為有力的贊助人。

有了正確的心態後，你就要採取審慎的步驟來和有別於自己的人建立導師關係。你要奠定基礎，並預備花時間來對建立關係下工夫。

1. 首先問自己是否準備好要了解，權力鴻溝是如何在這個人身上運作。（可以上 www.flextheplaybook.com 來參閱通曉型領導人的盤點清單。）你是否準備好並預備提問正確的問題來幫忙引導這個人？

2. 注意你和對方之間的差異，並接受這些差異。研判彼此間的差異是如何影響了你的行為。它有沒有形成阻礙？協助你的門生把這些發現應用到導師與導生的關係以及它的職場互動上。

3. 針對這些差異來磨合，以縮短權力鴻溝。假如導師和導生都能因此對於這些差異以及身處在那個空間中感到自在，那真正的揭露與成長就會出現。

好的導師有如教練：他們不會勉強去觸及任何還沒準備好要探討的議題，而是會問說：「**談論這件事讓你感到自在嗎？**」得到了首肯再繼續。

這裡有個例子是，和女性導生談到拿出信心與權威看起來可能會是什麼情況，無論你是男是女：你對導生說，你在大型會議中注意到，她並沒有把新構想拿到台面上來談。你接著又說：「我還注意到，我們是個話多的團隊，一直在互相議論。身為你的導師，我可以怎麼幫助你去因應那樣的動態？」假如你是她的老闆，那就讓她練習培養這項技能。要你的導生去參加更多她是唯一女性的會議來練習。不要試圖替她解決問題，而要協助她採取適當的行動。

在所有的導師情境中，重點都在於你不是要替導生做事。導生是為

了得到建議與引導而來。在矯正的情況下，這點會變得更加重要，因為心生防衛是人在遇到危險時的天性。在開始一起工作前，詢問導生至關重要，以藉此研判她是在補救狀態還是發展狀態。

好的導師可以針對差異來磨合，可是當發展的阻礙反映出自己並非這份工作的適當人選時，他也會知道。即使是最優秀的導師，也沒辦法幫助還沒準備好要改變的人。覺得性別權力鴻溝太大的女性不見得能從男性導師的身上得到所需要的一切。好的教練或導師會盡到本分來縮短權力鴻溝，但搭配起來或許根本就不適合。比方說，對於把女性視為能幫助自己的人，男性員工或許起初會不太自在，但女性或許還是能指導他，並協助他挑戰與改變那樣的立場。不過，假如這位男性堅持無法接受女性的指揮與引導，那男性導師就會是比較好的搭配。他或許能更有效地引導這位員工，使他更加明瞭。教練或導師的目標就是不要批判行為或差異。要研判自己能不能和這個人建立起安全、可信賴的關係，使他能受到幫助。

了解對象

優秀的導師還能幫助別人了解，自己需要怎樣磨合才能達到成功。有很多人所犯下的錯誤在於，以給予不錯的概括建議與高見來劃地自限，而沒有走出這些角色去看看，小細節在個人的層次上是如何運作。有人可能會對女性提出普遍的建議，要她去看頗受好評的領導書籍，裡面主張在會議上要比較敢言並大聲疾呼，這樣才會顯得更有信心並得到尊重。唔，假如你的導生是個非洲裔的美籍女性，而且她在已經待過的地方可能是被之前的同事封為「氣呼呼的黑女人」，那建議她走進會場時要比較敢言並不會收到同樣的效果。假如你的導生是最近從大學畢業，並且在會議中以敢言的角色出擊，尤其是對於較年長世代的人，那她或許已

經先入為主地被視為不恭敬，甚至是魯莽。對這位年輕女性最好的建議可能是，藉由打破預期來縮短鴻溝。假如她走進會場時的表現方式跟他們的假定相反，對權威較為服從，對於在組織中任職較久的人較為尊敬，那她或許會改變他們的觀感。一旦留下了這種正面的印象，她就能好好運用本身的差異，並把自己帶到台面上的東西展現給他們看，使老問題得到創新的新做法。

　　好的導師還能幫助導生適當駕馭差異，以協助他們推銷本身的獨特賣點與觀點，並把差異轉化成實際的文化資本。為了駕馭差異，導師可以協助導生了解本身的行為與風格可能會使別人產生什麼樣的觀感，使導生能有效地設法向上往來並縮短鴻溝。在讓人了解及因應不同的行為時，示範會談和角色扮演可以派上用場。教練以相關主辦人的角色來協助他人辨別及了解自己的「痛處」，而他們的工作就是要從門生的身上挖出這點，使他們接下來能改變自己的行為，進而引發新的回應。

───
對導師與贊助人磨合

　　我們輔導過一位會計師事務所的技術專家，她正處於升上新職級的邊緣，但就是覺得突破不了。她想要當上合夥人，但卻被困在缺少曝光的職位上。她為公司增進了不少價值，也很善於應付重要客戶，但這些客戶並不是備受矚目的客戶，所以她的團體中只有兩個人知道她是耀眼的明星。其中一個是她的老闆，並已和她建立了很好的關係。有一天，她跑去找他，企圖要表達自己很想當上合夥人，並請他在這方面幫幫忙。不過，她在縮短與他的鴻溝時，做法卻是大錯特錯。

　　在會面中，她花了大部分的時間來向他說明，自己很想要結婚與成家，這是她念茲在茲的額外私人目標。就她的成功而言，它們全都有等量齊觀的地位——既當上合夥人，又不缺感情和子女。不過，他所聽到

的卻是她要以家庭而非事業為重，使她原本要讓他留下的印象適得其反：因為她不想缺了感情和子女，所以不會把時間或投資花在擔任公司的合夥人上。

身為教練，我們的工作就是要協助她了解，在和老闆建立很好的關係時，她的做法會有什麼結果。她完全公開並分享了她對於私人目標的全盤想法與感受，使任何人（包括我們在內）都很難相信那不是她的頭號目標。在和老闆交談時，她彷彿把他當成了摯友，並假定他會如何過濾和解讀她的話語。女性的老闆或許會體認到年輕女性這種想要結婚並擁有事業的特有掙扎；但無論如何，這位門生都需要認清男女在經驗上的差異，並了解身為男性的他會如何解讀她的話語。他雖然有同理心，但主要的感想卻是在事業上衝刺並非她的首要之務。

我們的工作就是要協助她看出，她需要重新設定和老闆的關係，不要把他當成摯友，而要當成真正的贊助人；唯有明確了解她的目標，才能助她一臂之力。她需要以磨合來縮短對關係的不同期待所形成的鴻溝，以及私人與專業之間的分界。針對私人與專業目標的潛在衝突，她表達了自己的掙扎，結果卻是治絲益棻。她需要對他主動伸手表達說，她很在乎自己的事業。在本身的團體以外，她則需要找出自己的相關人員，藉由拜會他們來建立關係，討論她現有的成功與挑戰，並勾勒出她的專業目標，以有助於和他們往來。

———
門生所要扮演的角色

導生最常犯的錯誤就是期望教練或導師把一切都搞定。在健全的導師與門生關係中，導生可以並且應該要採取決定性的行動。有很多人認為，**只要找對了人，自己的工作就是坐等對方交代要做什麼。沒有比這更大的錯誤了！**個人並不是導師或教練說一動才做一動的角色，而是需

要主動掌握本身的行為與成長，並一路尋求指引。在暢銷書《挺身而進》（Lean In）中，雪柔·桑德伯格（Sheryl Sandberg）表示，她相信女性是被教導成太過依賴他人，並經常等待白馬王子來創造永遠幸福快樂的日子。我們要提出同樣的建議，而且所針對的不只是女性，還有所有想要在生涯中步步高升並脫穎而出的員工。導師要是遇到導生似乎不想費任何的工夫，我們會鼓勵予以簡單、正面的勸導：「這是你的時間。我會引導並替你設定框架，但你得實地去做才行。」雙方都需要跨越鴻溝來磨合，並扮演好自己的角色。

為了讓關係建立起來並有所成長，理想情況是導師照著上述的三個步驟來走——評估本身的權力鴻溝偏好，評估彼此間的差異並明確指出這些差異可能會如何影響到你們的動態，然後以磨合來協助你個人。不過，就算導師沒有採取這些步驟並準備扮演她的角色，你還是可以採取步驟來縮短與她的鴻溝。

要做到這點有一個方法是，針對你的背景和價值觀，利用你所明瞭自己在權力鴻溝上的偏好來分享相關的資訊，以清楚勾勒出你的行為。接著你可以談論自己的風格，因為它跟那樣的背景有關。我們回頭來談李歐麗在前言中的例子，她分享了自己的儒家華人教養是如何教導她，宣揚自己的成就有失分寸，甚至是不得體。但我們所學到的這個特質卻有違一般公認升遷準則。在試圖解決這個課題時，她可以選擇和潛在的導師分享那段個人背景，以凸顯差異並表明本身某些行為背動的動機：「我對於凸顯自己的成就會感到不自在，原因有很多。我的風格大致上偏向敢言，但在這方面卻不是如此，其中有一些原因在於……。」

點出差異並詢問導師或教練對於討論這些課題的自在程度，尤其假如她是經理人的話，導師就能擺脫在討論彼此的差異時可能會有的不自在、尷尬，或者甚至是惶恐，尤其假如她是出身自比較主流的文化。展

現出謙卑、弱點和學習的意願，你就會贏得導師的信賴與尊重，並激勵她來和你打交道及協助你駕馭這些差異。如何跨越文化、性別和世代的鴻溝來指導，其中有數不清的個別差異，但我們要和各位分享我們從本身的工作中所得到的幾點心得：

連結整個團隊

指導多元文化人員

- 把公司是如何運作的詳細「不成文」內情告訴他們。
- 讓他們對組織有全盤的概念，並說明公司的文化。
- 不要畏於探究他們的背景和經驗（準備好三個預備問題，以及有益對話的五個步驟）。
- 在關係中採取主動，以展現出真正的興趣。

指導女性

- 灌輸信心、可靠度與信賴度
- 授權她去冒險並跨出自己的舒適圈。
- 體認到她的人生經驗與生涯軌跡或許與你不同。不要帶著假定。
- 協助她釐清自己的目標，並善用她的優點。

指導較年輕的專業人士

- 給予即時與持續的建言。
- 承認科技與社群網路工具（Facebook、推特、LinkedIn、Instagram、Pinterest）的重要性，並對溝通管道一視同仁。
- 向他們解釋個別工作任務在更廣泛的宗旨／整體企業情境中所扮演的角色。

- 假如你也是老闆，那就要超越金錢而以報酬的角度來思考。與他們開啟對話，並考慮以休假、參與社區推廣案件和整合工作／生活來獎賞他們。
- 尤其是對於較年輕的導生，要為他們找機會來展現自己的工作，以提高他們在組織中的能見度。
- 向他們示範可以如何更有效地把自己的價值傳達給組織，使他們的見解可以被聽到。

「我做得怎麼樣？」：給予建言的藝術

忠言逆耳，尤其是來自親友、熟人或陌生人。

——富蘭克林・瓊斯（Franklin P. Jones）

像《美國好聲音》（The Voice）和《廚藝大戰》（Chopped）這種實境電視節目都有個橋段是：參賽者就本身的歌藝或料理專長來聽取知名專家誠實而直接的殘酷建言。在聽到這些有時顯得尖酸刻薄的話時，參賽者多半顯得相當鎮定。不過在企業界，要給予建言向來並非易事，要接受向來也非易事，因為上面那句我們最愛的一段引言說得很清楚。但如果要稱職，導師和教練就必須培養技能來給予及時而有建設性的建言，進而協助門生磨練本身的技巧。記住，**通曉型領導人的特性是能坦承自己的錯誤，並從經驗當中學習，以藉此體驗生涯的成長與發展。** 假如你不是以導生所能了解的方式來提供直接的建言，你就不是在保護他，而是在阻止他去化解可能會使他偏離生涯志向的阻礙。

儘管如此，我們卻頻繁看到，經理人對於建設性的建言會有多保留。我們曾對一位需要加強提報和溝通技巧的員工展開外部輔導。在跟她的老闆廣泛談過後，我們發現了他想要因應的具體課題。我們鼓勵這位老

闆參與計畫，並在輔導活動期間和之後提出他的具體建言。這位員工有哪些改善的機會？有哪些行為要開始改變？團隊成員和客戶有沒有留意到？老闆同意了，可是在整個計畫中，他只說了些含糊籠統的話。而且當這位員工試著向上往來並尋求具體而有建設性的建言時，他是怎麼告訴她的？「教練怎麼說，你就怎麼做。」呢，這位老闆錯失了絕佳的機會來提供有幫助的見解，並在這位員工日常互動的具體情境中指出錯誤。

經理人有給予建言的法定責任，但各位可以看到，真相卻是這麼做會讓他們不自在。而且如果是要跨越文化、世代和性別來談論，他們會變得更加焦慮和苦惱。再加上揮之不去的陰影在於，要是處理不當就有可能吃上官司，以及建言迴路很容易出現的閃失會扼殺掉改變或成長的機會。

有個例子是，「比爾」有六位部屬。有四位是男性，他們的溝通風格以及文化背景大致上都跟比爾一樣。另位兩位則是女性。「我知道男人是怎麼想的。」比爾說。「所以我跟他們講話時都像是這樣：『你把這件案子做得亂七八糟，你的數字不對。把它改過來。』可是我對女性就會戰戰兢兢。假如我對她們說重話，我怕她們有人可能就會因此傷心難過。所以我的那些評語多半都是點到為止。」

它就是這麼開始的；建言就是這麼灌水的。如此一來，**經理人便無法對員工完全坦誠**。在此同時，沒有機會改正錯誤的員工也會很納悶，自己為什麼無法更上一層樓。

「艾絲特」是一家大型教學醫院的護士，近期退休的主任所採用的建言技巧就讓她得到了不少收穫。在表達自己的需求與觀察下，她還是能展現出尊重。「她十分了解非口語溝通和傾聽的技巧。無論是跟走道上的勤務領班還是會議室裡的醫生說話，她都會在某種程度上調整自己；

她會表示友好與感激和滿滿的謝意，但又會同時留給你自行摸索的空間與自由。她會問事情為什麼發生，然後由你來提出答案。她在陳述問題時很少用『你』，而是聚焦在『我』的措詞上：『也許是我誤解了，但這就是我所預期的⋯⋯告訴我這件案子做到哪了。我的理解是它的期限已到？』」

指導和給予建言的致勝招數

建言如果要有效，就需要以適當的形式來妥善提出。假如你花時間去琢磨所要給予員工的建言內容，並以適當的方式提出，你就會注意到，建言對於員工的表現和前景所造成的影響有多大出現了明顯的差異。第一條規則就是，不要灌水。

建言要直接才好。**你不需要口吻嚴厲，但要把事情的好壞講清楚。**有助益的建言也會增進價值：「你在這段的整體提報上做得非常好，而且你聽起來對自己的內容很有信心。下次你可以改進的地方是，主攻客戶所關切的效率和生產力⋯⋯。」有效的建言要非常具體，不是回頭去重新細數員工在過去五年來有問題的行為，而是要針對你們剛跟客戶開完的會議來帶領她關注自己的具體行為。這看起來或許是直覺反應，但建言必須讓聽的人了解才行。就算是間接或透過第三者提出，這個人也必須了解你的話或意圖才行。

相形之下，無所助益的建言則是不重時效、不知所云或含糊籠統。在這種方式下，連正面的建言都可能無所助益。有聽過其中的任何一句嗎？

- 「你做得不錯。」
- 「保持下去！你做的一切都很管用，所以就保持下去吧！」

- 「幹得好！」

即使是要讚美良好的工作表現，盡可能具體也會有所助益。這會使導生在投注未來的努力時有所依循，並提供真正的成長機會。

同時所有的員工也需要學習，要如何從導師、經理人和同儕的口中聽到建言。與其變得心生防衛，我們每個人都應該培養健康的心態來聽取建設性的批評並管理異議。要把它當成機會來準備傾聽。我們在下一章會擴大探討，能聽取並因應行為和想法所受到的批評不僅有助於你達到預定的目標，還能激勵你發揮更大的創意，並協助你就地取得最創新的解決之道。

- 培養持續改進的心態。
- 任何建言都很寶貴；該怎麼對它反應則要由你去確認及了解。
- 建言是點滴的縮影，而不是對你的蓋棺論定。
- 不要太快就肯定或否定。
- 把每個異議都當成探索進一步資訊的問題或要求，而不是就此定案。提出問題來釐清語焉不詳的建言。

徵詢建言

靠徵詢及廣納建言來尋求成長的機會。各位用可以這些措詞的例子來得到所需要的答案。

- 「那件事做得怎麼樣？」「我做得怎麼樣？」
- 「那個挑戰的理想答案會是什麼樣子？我的回應跟它比起來如何？」
- 「如果要對案子更加了解，我還應該注意到什麼事？」

- 「這就是我對會議的解讀。這麼說有沒有道理？」
- 「我下次可以怎麼把它做得更好？」

通曉型領導人側寫：李奇・席爾──從棒球場到公司董事會：領導常勝軍

身為投手，我深知場上另外八位球員的重要性。假如我們的防守沒有完成守備，或是進攻熄火，那不管我那天投得有多好，我們贏球的機率都微乎其微。在棒球運動中，輸贏都是在於團隊，而不是個人。這段生涯也是一樣；我只是跟周遭的人一樣好而已。團隊目標大於我的個人目標。大家都贏才是我覺得真正成功的時候。

──李奇・席爾（Rich Hille），美國銀行資深副總裁及該公司的全球薪酬事務負責人（Global Head of Compensation and Benefits）

在進入企業財務界之前，李奇・席爾曾是個不折不扣的隊員。從他在紐約皇后區念高中開始到整個大學時期，李奇都是籃球和棒球的雙棲選手，並展現出優異的投球天分。在聖約翰大學時，他打了四年的第一級大學棒球賽。雖然他還是順利地準時畢業並拿到了商學位，但他亮眼的棒球生涯和過人的投球臂力仍使他被「克里夫蘭印地安人隊」選入去打職棒。他的才華和拚勁吸引了球探的目光，並使他雀屏中選，但運動競技的特質、團隊的精神和理念、團隊與教練的動態後來在他的領導與工作風格中都發揮了很大的作用。他很早就學習到，每個隊員的努力和貢獻對於最終的結果至關重要。在商場和棒球上，**不靠隊友幫忙，你很少會贏。**

在因傷退出職業運動界之後，以團隊為重的目標仍使李奇化身為成功的經理人與領導人，但親和力與正面的能量也不可少。他對於前任員工和導生的影響仍顯而易見。一提到他的大名，他們的表情就從審慎和緊繃轉為了放鬆和熟悉的笑容；而當前任幹部講到與他的相處時，聲音也跟著軟化和放鬆了下來。他讓人覺得安心，甚至會把自在帶到困難

的工作處境中。打從一開始，這位通曉型領導人就深受部下喜愛與敬佩。「我在十九年前念完商學院應聘進來時，對我招手的除了摩根大通（JPMorgan），還有奇異（GE）。」有一位前任員工回憶說。「李奇帶我去吃午餐，我們點了啤酒和炸雞。我還記得自己想說，這傢伙看起來挺酷的。我待了下來；我從來沒有在企業界工作過，並試著去決定要做什麼。而因為李奇的關係，我沒眨一下眼睛就選了摩根大通，因為我想要在他底下做事。」

李奇盛讚自己的前任經理人示範了正面的態度與親和力。他們在本業上全都見多識廣，並帶著正面的能量。「假如你很負面又憤世嫉俗，要建立信賴與善意就很難。你不必很阿Q，但長期而言，假如你很真心，別人就會以正面的能量與意圖來回應你。」這種正面的態度和無條件正面關懷都可以回溯到棒球上。「老實說，這要回到高中時代來談。我還記得在我主投的比賽中，當我或球隊表現得不如預期時，教練只會說『我們下次就會打贏了』，而不會怪我或哪個球員犯了錯。」李奇在聖約翰時的投手教練豪伊‧葛許柏格（Howie Gershberg）也為李奇示範了領導可以是什麼樣子，並以一手包辦的方式擔任起年輕運動員的導師、家教和心理醫生。跟許多勞工一樣，「運動員非常脆弱，不時會有很多的自我懷疑。當你表現不佳時，他會給你所需程度的鼓勵。為了陪你走過低潮期，假如你需要額外的時間，他就會在練習後給你那段額外的時間，或是在比賽中跟他併肩作戰。」

這種特質明顯延續到了李奇各階段的領導任期上，包括摩根大通的人資、美國銀行和瑞士信貸等等。不令人意外的是，李奇把通曉型領導人當到真正發光發熱的原因在於，他有辦法管理所有的層級並拉近權力鴻溝。「我們是十分多元的團隊。」一位前任員工說道。在摩根大通時，她就是待在李奇的「歡樂幫」裡。「這就是李奇，愛爾蘭裔的天主教

徒，四十多歲，身邊都是比較年輕的男男女女，有拉丁人、韓國人和非洲裔美國人的後代等等。還有，對我們很多人來說，這都是大學畢業後的第一份工作，所以要學的事有很多。」在十分嚴苛的金融業組織裡，進入李奇的團隊中工作的新血一個接一個展開了工作的適應過程。其中有很多人是新科的文學士或企管碩士，但沒什麼經驗。他們橫跨了族群和文化的光譜；有的人有小孩，有的人單身，年齡則從二十一分布到三十六。有的人正展開生涯，有的人則上完了公司著名的訓練課程，很想要大顯身手一番。這是個權力鴻溝充斥的情況。

從一開始，李奇就跟公司裡其他許多的高階主管不同。他在跟所屬團隊洽談時，絕不把頭銜擺出來，而且打從一開始就企圖縮小任何與他們之間的權力鴻溝。他們鐵定看得出來，他是團隊的領導人。他無疑就是那個跟企業的高階負責人有關係的人。無庸置疑的是，他在政治上很精明，並懂得把手腕巧妙地運用在組織內。但他從來不會讓他們覺得自慚形穢，並且總是不厭其煩地要他們知道：「由你們作主就好。所有的苦差事都是你們在做。你們有權可以跟部門經理來決定事情，並且應該要直接把你們的發現提出來。」他讓所屬團隊有機會以某種方式和管理高層互動，使他們能展現出自己的本領，並得到最高層主管的重要贊助。

透過這一切，李奇得以在私人和專業的層次上連結每位部屬，並讓每個人充分發揮所長。李奇非常刻意地在純粹談公事之餘連結每位部屬，因而使給予建言和討論難題變得容易許多。他還到現場和所屬團隊併肩工作，以縮小鴻溝。有一位員工回憶說，「假如我們要整夜留守，他那天一定會待得比較晚。他在四點半以前不會跨出大門；他就在那裡陪著我們工作。而在那些『軟禁式』的馬拉松時段後，他就會帶整個團隊出去吃早餐，並且是自掏腰包」，使團隊產生了無比的歸屬感，並有個安全的地方來分享故事，以及修正和解決任何的問題。

有一位前任員工仍把李奇列為她所遇過最棒的經理人，並表示當她第一次在李奇的麾下工作時，身為一個新手讓她覺得非常不知所措。「我以前甚至從來沒有住過紐約市，而我來到了這裡，在華爾街從事非常困難而嚴苛的工作。」但她盛讚李奇對她授權，並給了她可以成功的技能與工具。她清楚記得，一個大學生試圖在會議中替自己的工作爭取功勞。李奇知道，身為剛起步的年輕女性，她還不具備技巧或膽識在會議中和比較高階的人唱反調並有效向上管理。於是他便以橫向管理來替她出頭，強硬打斷了談話，並釐清所探討的工作究竟是出自誰的手。

另一位前任的團隊成員目前是一家大型科技公司的內部顧問，他則談到了李奇能如何以這種向下管理的方式來鼓勵他把自己的想法讓別人聽到，使他覺得李奇的建言既一針見血又令人鼓舞。這位前任員工回憶說：「他帶我去吃午飯，並且說：『我知道你所經歷的情況。你的話不多，我的話也不多。我知道你懂的比你所說出來的要多。』」如果要有所進展，他的老闆告訴他說，他就得讓別人知道他的想法。李奇給了他一套對策。「要我就會這麼做：每次開會時，你都要拋出見解才行。既然你無法從容自在地在會議中發言，那就要事前準備，決定好所要拋出的見解是什麼，而且一定要把它講出來。」

在協助團隊成員應付棘手的課題與問題上，李奇似乎很有一套，並經常利用幽默或同理心來幫忙化解局面。有一位年輕的前任員工還記得，李奇曾要她做一件她不想自己處理的事。「我不想做，於是就把它交給別人並委託出去。最終的結果是還不錯，但由於我並沒有經手，所以就低估了方案的整體定價。到最後，數字還是不對。這件事顯然讓李奇很不高興，因為他已經把它拿給老闆看了。在那一刻，我學到了一輩子的教訓：絕對不要把事情委託給自己不完全了解的人。當時我以為問題相當嚴重，但在那次的經驗中，李奇從頭到尾完全沒有給我難堪。我記得

從他口中聽到的建言反而是超乎我所應得的寬大。他說：『我明白你的心思……你有點耽擱了，對吧？你是個完美主義者。』」以正面和幽默的方式來為她有問題的行為打圓場，使她得以不失面子地來重新看待問題並加以修正。

李奇對每個團隊成員所秉持的尊重和無條件正面關懷激勵了他們去超越他的期望，並讓其中許多人在生涯的一起步就能從錯誤中學習，展現自己所知道的事，並持續提升表現。在並非總是有利於長期關係的企業界中，李奇跟四面八方的前任員工卻一直保持著往來與聯繫。身為導師，「當我們在他底下工作時，他總是有很棒的生涯建議，並且會講出理由和實情。」有一位女性說道。「但就連我再也沒有正式在他底下工作後，在我的整個生涯中，他還是一直沒有斷了往來。即使你過了六個月沒有跟他講話，聊起來還是跟上次沒兩樣……時間並沒有消逝。」就跟他的關係一樣，李奇・席爾的核心也始終如一，從過去到現在都展現出濃厚的個人價值，像是他註冊商標的操守、幽默和謙虛。「他在金融業服務了超過二十五年以上，卻從來沒有讓這點改變自己。他總是謹守價值、堅守立場，並且非常腳踏實地。經過這麼漫長的時間，在他做到了位階這麼高的層級後，他對待我們始終都像是已認識了我們一輩子。那種程度的情誼始終都在。」

為了讓各位得知他旗下的團隊成員有多忠心，我毫不費力地就能請任何一位受過我訪問的人在相當短的時間內給我回音。一聽到我們要剖析李奇和他的領導風格，他們都是立刻就回應。只要待過李奇的團隊，你就是一輩子的成員。

善用團隊多元思考

帶動創新

成長快速的公司必須不斷創新。公司有如鯊魚，不動就是死路一條。

——馬克・班尼奧夫（Marc Benioff），Salesforce.com 創辦人兼執行長

Google 被視為最創新的公司之一，它在許多方面似乎總是穩若泰山地站在尖端。但對於「讓頓悟時刻從指縫中溜走」的風險，連這家科技大廠的創新業者都能提供我們警世寓言。

賈斯汀・羅森斯坦（Justin Rosenstein）目前是一家新軟體公司的共同創辦人，Google Drive（Google 的個人雲端硬碟應用）的最早版本就是出自他手。這項軟體產品可跨越多個平台來運作，好讓人把不同電腦上的文件同步化並分享出去。在為 LinkedIn 的部格落〈我的最美麗錯誤〉（My Best Mistake）撰文時，羅森斯坦刻骨銘心地寫到了自己當時未能協助 Google Drive 上市，有部分就是因為他缺乏本事與技巧來對領導階層提出有說服力的論述。雖然羅森斯坦的團隊想要推出，但 Google 當時的共同總裁賴瑞・佩吉（Larry Page）希望產品能完全整合 Google Docs，再推出這樣產品。等 Google Drive 在五年後推出時，Dropbox 這家做出類似產品的公司已占據了利基，後來它的市場估值達 40 億美元，並有五千萬個用戶。佩吉或許是沒有向下磨合，以充分考慮到不同的觀點，但羅森斯坦覺得自己的錯誤在於，沒有向老闆完整說明 Google Drive 的定位與策略，並設法讓管理階層對自己的論述點頭。

如今羅森斯坦身為經理人，當員工對某個構想似乎非常熱切或在行時，他都會保持開放的心胸，而且一定讓他們有機會來改變他的心意。這個故事再恰當不過地展示了：在為有遠見的思考與創意打造接納的環境時，「磨合」所扮演的角色至關重要。光能夠「傾聽好的想法」還不夠；如果要充分探索創新的想法，個人就必須向上和向下往來並縮短鴻溝。

有遠見的思考要靠刻意、多元的內部流程來重視天馬行空的思考，同時整合不同的想法與方向。這種思考所引發的不自在不應該迴避，反而必須加以探索，真正的突破才有辦法出現。本書從頭到尾都承認，因應差異並非總是輕而易舉或令人自在。好消息是，假如你能通曉地管理

對差異的會談，並以有助益的方式運用技巧來引導這個過程，意見、思維、經驗和風格上的差異反而能助創新流程一臂之力。

創新儼然是當代的顯學。為了企業的生存與成功，它是每個全球執行長都列為首要策略的事。全國各地的會議室裡和世界各地的科技大會上都在討論它。由於它會帶來發現的悸動與下一件大事的承諾，因此對於任何一個指望從維繫命脈進步到成長與更加繁榮的組織來說，創新都是極為令人興奮而重要的目標。各位可能還記得，創新也是通曉型領導人的一個招牌特色，並可說是其來有自。依照它的定義，創新有賴於你翻轉局面並樂見新的思考方式，適應不同的觀點，以及對於現有產品或策略的新穎應用變得習以為常。創新需要勇氣、操守，並且是冒險而不是以自在為依歸的報酬。在許多方面，創新都是通曉度的必備條件。所以我們認為，現代企業的問題就在於：要怎麼創新？要怎麼打造出獎勵創新思考的文化？

它肯定不會憑空出現。傳統的看法在許多方面可能都是創新思考的敵人。要是因襲陳規，你就會持續因襲陳規。即使我們把多元性帶到了創新的問題上，但對於我們所謂要把多元背景的人送上檯面，我們還是需要非常刻意為之才行。

要靠通曉型領導人來促進創新思考

聘用多元的從業人員並不夠，公司如果要激發創意思考，就必須**訓練人員與差異共處，還必須深耕多元想法與流程的重要性。假如做得徹底，跨越差異就會為我們帶來在全球經濟中所需要的工具。**在許多方面，創新都是縮短權力鴻溝的終極應用。它有賴於人員對同儕向上、向下及橫向管理來因應差異，接納好的構想而不管它來自何方，並且要鼓勵冒險。

以謙卑和膽識來領導

賈桂琳·諾佛葛拉茲（Jacqueline Novogratz）是「聰明人」（Acumen）的執行長。她不斷在未知的領域中耕耘，以投資在全球的規模上對抗貧窮的後起公司與組織。她本身的觸角很廣，並且會以言語來鼓勵人放膽去做：「我給團隊的目標很遠大，而且我有這樣的格言：開始去做就對了，讓工作來教導你。我們所做的事以前從來沒有人真正做過，所以不要怕犯錯。我們只要決定放手去做就好。」對賈桂琳來說，這可歸結到膽識和謙卑這兩個相輔相成的原則上。「你必須要有足夠的膽識來訂立目標，以發揮自己的極限，並勾勒出明確的願景和目的。但你必須要謙卑才會知道，這件事很難做，你不一定做得成。」

它還要有組織環境來鼓勵及培育創意與創新。公司應該要把它列在企業願景與目標中，並表明這是本身經商之道的基本價值。

差異是如何帶動創新

當你被迫走出舒適圈並受到新的資訊與觀點挑戰時，心中的創意部分就會受到刺激。研究人員發現，**當人遇到或是和外來的文化或人員互動時，多元文化的體驗真的會激發創意思考**，或是那種使公司一直在尋尋覓覓的驚喜就此成形的認知過程。在另一項實驗中，表現得最有創意的團體就是必須維繫差異的團體，或是有兩樣東西一起並列在同一個認知空間裡。在那樣的空間裡，不同的觀點、風格、溝通手段和文化價值是緊張卻不帶批判地並存。身處其中雖然會讓某些人感到痛苦和驚慌，但卻會使思考產生重要的變化，進而為組織帶來創新的好處。

把上述的發現加以擴大,另一項研究發現,人融入外來文化的強度愈高,創意流程的進展就愈大。不過,被鼓勵要遵守規則或者在探索新觀念上受到限制的人則沒有完全反映出對照的參與者在創意上所獲得的進展。綜合來看,研究似乎是主張,通曉度背後的觀念(包括深究和善用差異)支撐了創新的創意流程。

這些發現印證了,本書所剖析的通曉型領導人特性有很多都是創意的基礎:**無比的好奇心、適應力、對模糊感到自在、跨越權力鴻溝來磨合、自信,以及樂見新的體驗**。有一項研究發現,疏離或有別於主流文化的人都是一些最有創意的人,而我們本身的經驗與研究也證實了這個發現。假如你不讓員工冒險或是鼓勵他們培養自己的想法,你就是在幫忙確保僵化成為公司文化的主軸。容許差異,以設置導師和贊助人還有在困難的時刻支持員工來鼓勵正面的冒險,以及鼓勵交換不同的觀點,這全都有助於打造富含創意與靈感的公司文化。

我們發現,**當人人都在實踐通曉型領導,並在組織內外縮短和其他人的權力鴻溝時,這就是成熟的創新環境**。如何管理多元的觀點也扮演了關鍵的角色。擁抱和鼓勵多元的觀點會激發職場上的創新,假如你對此需要進一步的證明,以下就是擁有多元團隊可以促進創新思考與流程的幾個層面:

- 多元的意見與經驗可鼓勵創意、適應力與原創思考。
- 注重個人意見的多元環境比較容易為人的心態帶來長遠的轉變。
- 團隊內的多元觀點、較廣泛的專長和至關重要的構想評估可強化決策和解決問題的流程。
- 多元團隊能善用較廣泛的人脈和文化資本來增進可能或者被認為有可能成真的機會。

鼓勵管理階層在激發創新思考上的風格

即使我們知道差異能提升創意，那還是沒有為我們具體指出創新突破的路。蓋瑞·哈默爾（Gary Hamel）在《哈佛商業評論》的撰文中所提出的想法是，公司必須成為「**連續管理創新者**」（serial management innovator），有系統地鼓勵創新思考，並採用專門為了做到這點所設計的管理系統。只要在拉近權力鴻溝以及針對有別於你的人來磨合上去落實已知的做法，你就能繼而去挑戰公司的文化，並質疑本身是否有既定的管理系統能讓你善用差異來增進公司的利益。

哈默爾建議經理人要「挑戰」本身的「管理正統性」，也就是在應對有別於你的人之前，要拿一連串的問題來問自己，而且它非常容易讓人聯想到我們的三個預備問題。經理人和公司領導人應該要把有礙創新的流程徹底釐清，挑戰傳統的看法，並從內部信仰中來為問題尋找可能的根本成因，然後問說：

- 我們可以把哪些「二選一」變成「兩者並行」？
- 我們有哪些缺點，可以如何把它扭轉過來？
- 我們可以做哪些事來因應未來的挑戰？

你可以如何確保跟公司內、甚至是公司外的相關人員展開這樣的會談？你要怎麼主動伸手來確保這件事會發生？

喚起創新的可能性

當多元的觀點湊在一起時，不可思議的事就會發生。法蘭斯·約翰森

（Frans Johanssen）探討過創新突破是如何與多元學科和領域的交會連動，並把這個現象稱為「梅迪奇效應」（Medici effect）。就如同梅迪奇家族把出身各門各派人文學科的個人湊在一起，包括雕塑家、科學家、詩人、哲學家、畫家和建築師，使所帶動的創意綜效引發了文藝復興，而類似的創意效應也可透過跨學科的同心協力來達成。

姜素英（So-Young Kang）就是這麼做的。身為近期從美國搬到新加坡的活躍女性，她創立了一家叫做「喚起集團」（Awaken Group）的公司，這家主張改造設計（transformation design）公司是在協助各公司以最廣泛的層面來重新思考自己的身分。徹底創新是素英的主要目標之一。「我把創新定義為，把不同的東西湊在一起而得到一種不同的結果。假如是漸進式的改變，它就不符合我個人的定義。我所在意的創新必須很徹底。在徹底創新時，你會創造出以往不存在的東西或功能，並且去挑戰假定。你會去挑戰現狀。」她說。素英相信，如果要以改頭換面的方式把兩種不同的東西湊在一起，就非得拓展或磨合不可。「我接受有些人把『對事物的調整和精進』稱為創新。但如果要真正創新，你就得保持開放。多元和差異是創新的絕對必要條件。假如你只是待在舒適圈裡做跟昨天一樣的事，人員一樣、方法一樣，那你就不可能創新。」

「多元和差異是創新的絕對必要條件。假如你只是待在舒適圈裡做跟昨天一樣的事，人員一樣、方法一樣，那你就不可能創新。」

素英本身就是靠著把多元的專家團隊湊在一起來解決客戶的問題。她會協助他們問對問題，像是顧客會如何體驗我們的品牌和產品？員工會如何體驗我們這家公司？該公司與其他顧問公司不同的地方就在於創新。顧問通常是面對其中一方，但透過喚起集團，她帶來了全觀式的改變。她會

請策略師、行銷大師、品牌專家、設計師和執行教練來幫忙改變領導階層和組織的管理方式。她會聯手溝通專家和建構師來檢視鑽石的所有刻面。

為了說明起見，素英把麥當勞當成在品牌方面做到極致的例子。麥當勞的體驗遍及他們的廣告、慈善活動、裝潢和員工的態度，而且他們要它從內部來形塑員工以及顧客的體驗。這點也適用於航空公司：假如你走進頭等艙的候機室，你會如何體驗一家航空公司？星巴克就是奠基在這整個概念上——星巴克的交互式體驗是同時來自顧客和員工的觀點。為了在最大的程度上協助客戶，她要能觸及並考慮到所有不同的觀點，然後把它善用到行動計畫當中。

「像這樣對有別於你的人或物保持開放就是關鍵所在。你會注意到，史上最厲害的創造者和創新者都是無法一言以蔽之的人。他們不光是科學家、工程師、老師或哲學家。他們其實有許多不同的身分。因為他們必須援引不同的思考過程和不同的學科，然後才能開始把這些互異或不同的片段湊在一起。」

透過磨合來克服創新的阻礙

針對善用組織中的多元從業人員，我們談過許多正面的結果。不過要是沒有適當管理，當差異被端上台面以及在交換和評斷意見時，摩擦就會出現。有的人會把持團體中的話語權或策略研討，有的人則會退縮不前並失去在會談中的發言權。要得到多元在創新上的好處又不受到升高的衝突與摩擦所累，這完全要仰賴通曉型領導人能聽到場內不同的聲音，並適當管理多元團隊、全球案件與跨部門的同心協力。這就是通曉型領導人可以針對要如何向上、向下及橫向管理來發揮創意的地方。

洛德琳‧艾堤安（Raudline Etienne）是「歐布萊特石橋集團」

（Albright Stonebridge Group）的資深董事。這家全球戰略公司相信，善用每個人能產生的創新思考就是組成多元團隊的威力所在。不過身為非洲裔的美籍主管，她在組成多元團隊時，則要考慮到平衡。她必須小心的事在於，有時候她和場內的其他人之間會有已然存在的權力鴻溝，因為她是黑人女性。無意識的成見或厭惡或許會威脅到團體的動態。在因應多元團隊時，這種現象並不稀奇。在過去的角色上，洛德琳有一位「副手」。在她的團隊中，這個人是在協助拉近她和團隊成員之間的鴻溝。洛德琳坦承，「把身段放軟並不是我的核心才能」，但她卻得到了善用團隊成員長才的好處，尤其是在所遇到的無意識成見可能會壞事的情況下。「副手需要是優秀的駕馭者，而且要非常有同情心。團隊成員需要有懂得體諒和調整觀點的談話對象。我們一起在努力拉近團隊動態中的鴻溝。」在非常有創意與刻意的設法下，洛德琳還是跟抱著這種無意識成見的團隊成員建立了關係，使她得以聽到場內的各種聲音。她的本領足以證明對許多經理人有幫助，在策略上可以請其他員工或部屬來幫忙拉近團隊中的那道鴻溝。你不必單靠自己來做。

冒險

如果要打造出創新的文化，對新觀念與冒險就需要加以鼓勵而不是懲罰。

通曉型領導人要去接觸每一位團隊成員，並評估他們可以如何跨入新領域，以及**那對他們來說看起來會是什麼樣子**。協助他們試著去預判任何可能的負面後果與擬訂備用計畫，並鼓勵他們勇於走出舒適圈。始終如一地對團隊展現出無條件正面關懷，以便為他們在嘗試新事物時打造安全的失足地點。預判可能的負面後果可以檢視失敗，以當做學習的機會。這套策略在整個光譜上都很適用。還記得霍伯特小學的五年級老

師雷夫‧艾斯奎，他每天都在對學生實踐這種領導。「在這裡不用害怕。」他提醒他們。「『假如你搞錯了某個答案，沒有人會因此罵你、羞辱你。』我們試圖創造的環境是讓他們不怕失敗，也不怕發問。」

———
通曉型會議：如何把想法帶到台面上

老式的集體腦力激盪手法幾乎就是創新流程的同義詞。傳統的看法認為，假如你想要提出創新的構想，那就叫人圍在桌邊，並讓聰明才智傾洩而出。在開會時把自己放空，心裡想到什麼就說什麼，把一切寫下來，其中肯定有某個地方蘊含著寶貴的見解。

不過，近來的研究顯示，這可能並不是公司應該採用的理想手段。加州大學柏克萊分校有一項研究是把問題丟給不同組別的人，然後要他們想出解決之道。有幾組沒有限定探討範圍，有幾組被要求針對構想來腦力激盪，還有幾組則被要求提出構想，並運用辯論的形式來加以精進。腦力激盪的組別略優於沒有接獲指示的組別，而被要求運用辯論形式的組別所產出的構想又比腦力激盪組多了兩成。辯論組中的個人在研討後所提出的額外構想更多，代表他們的腦力處在創新的模式中。前面說過，這個至關重要的流程似乎有某種機制來讓人調整原本的提議，並提出更多有創意的集體構想。要是少了這個至關重要的部分，團體往往就會向最普遍的構想靠攏。假如構想受到了普遍支持，連對於腦力激盪中所採用的提案抱持反對的人往往都會讓步。異議的看法會就此噤口，真正創新的思考也會消失無蹤。

腦力激盪模式還有別的問題。《安靜，就是力量》的作者蘇珊‧坎恩寫到了一個現象，她稱之為「新團體迷思」（new groupthink）。這個普遍的信念是指，所有的創意工作都應該由團體來做。自稱內向的坎恩挑戰了團體的創意流程，而且有的人跟她一樣，最棒的思考是來自能

私下這麼做而不受干擾的時候。這些是你在團體的腦力激盪研討時不太容易聽到的聲音，因為此時只有最大聲的才會占到優勢。

為了讓所有的構想浮到台面上，很重要的是要知道每個團隊成員是如何汲取資訊、處理它，然後把它回吐出來。有些人是想到哪就說到哪，這是他們處理構想的方式。不過，有很多人則只想要把已完成的構想帶到台面上。因此，你必須明瞭不同的風格並能磨合，好讓個人的話被聽到並受到認可。也很重要的是，對於人員在團體的情境中要如何參與，經理人要給予員工和導生適當的建言。在內心處理的人是不是太早就打消了念頭，而沒有把它帶到團體中？靠口語來處理的人是不是說了一大堆，使人看不出比較有利的構想？

身為通曉型領導人，你需要去理解這些思想和流程上的差異，並創造各種組織機會來讓構想浮到台面上。仔細思考有哪些事會阻礙人員在團體中發言；然後你這個經理人要怎麼在這些阻礙下來傾聽和促進？這不僅適用於徵詢想法時，也適用於給予建言和促請人員重新思考要怎麼因應和處理問題時。

當唐妮·李卡迪在資誠成為管理委員會的一員時，她是管理委員會中唯一的女性。包括唐妮在內的五位委員因為班機誤點而在機場等候。「他們開始回想起其中一位男性委員加入管理委員會時，可是吃了不少苦頭。他們幾乎跟整他沒兩樣，告訴他什麼該做、什麼不該做，都是非正式規則，因為他們希望他成功。他們這麼做是很自然的事。他們對我卻沒有這麼做。我並不相信這是刻意的，但我確信他們甚至壓根就沒有這樣想過。所以我必須找別的方法來了解團體的做法。到最後，我開始去跟財務長培養比較開放一點的關係。他來找我並坦承說：『你在談多元性的時候，我都不曉得你在講什麼。』我說：『這可有意思了。你在發布一些財務報告時，我也有同樣的問題。我們可以互相指導一下！』」

當氣氛中只有主流的觀點獲得表述，以及只有特定的個人被迫要重新思考和重新制訂本身的策略時，組織就會失去真正的機會來擴展管理團隊能有所作為的界線，尤其是關係到多元性和差異，以及啟動這種會談固有的可能性。

別怕衝突

「衝突」是人先天上會想要避免的事。但說真的，你需要它才行。它是好事，而且就是會發生。**多元工作環境的結果就是，人員會有不同的想法、優先順序、目標、價值和信仰。**所以假如經理人無法化解這些衝突，會破局的就不只是創新思考，甚至還包括有益的職場環境。我們會認為，經理人最大的使命或許不僅在於要解決衝突，還要用它來帶動創新。創新的企業文化會尋找甚至觸發它，所問的問題則是你為什麼是用這種方式來做？我們可以怎麼把它做得更好？要是它看起來像是這樣呢？目標不是要引起對抗，也不是要人身攻擊，而是要帶來健康的辯論與想法的綜效。這是一種確定能聽到所有想法的方式。假如處理得宜，從中就能整理出不同的因素。人員可能是對想法懷抱著情感或熱情，可能是看到它在別的環境中運作，或者可能是想了很久但從來沒找到機會把它提出來。目標則是要把所有的想法帶到台面上，使它在環境中可以大幅精進，而不只是被人盲目接受。

因此，通曉型領導人很擅長打造以建設性的方式來化解衝突的環境。假如衝突是創新的機會與動力，後續的妥善管理衝突就是在多元團隊內創新的關鍵。在這種環境中，對科層向上、向下及橫向磨合會成為格外重要的技巧。但通曉型領導人有更多的事要做，才能打造出全面的組織結構與環境來教導及重視對衝突的化解。

運用團隊的獨創性：為腳本重新注入活力

我們全都體驗過真的辦得很好的創新研討所帶來的樂趣；團體超越了你所希望達到的目標，與會者離開時也覺得往後的步驟很清楚、意見被聽到，甚至是活力充沛！而且我們或許全都體驗過（或許甚至是舉辦過）期望落空的會議；沒有真正產生的新構想或行動計畫，與會者離開時頂多是覺得乏味或沉悶，或許甚至是氣憤或遭到輕忽。要是對結構和目標有一些規劃與關注並採用磨合的原則，這種無聊的老式腦力激盪研討就能成為真正的創新研討，並產生出有創意和前瞻思考的構想與作為。

1. **以成功的基本規則來組成團隊。**事先討論你會怎麼處理衝突，以及管理對他人想法的評論。

2. **了解場內人員的風格。**對比較小的團隊來說，給予評估將有助於你了解每個人最好的貢獻方式。比方說，假如你屬於間接和情緒外放，那這對你來說看起來會是什麼樣子，而當你遇到衝突時，這看起來又會是什麼樣子？你會怎麼全力修補這層關係？假如是正式的團隊，或者他們是定期一起工作，那每個團隊成員去了解別人的風格以及要如何最妥善地溝通就會有所助益。小心不要把假定套在別人頭上，像是「你是講究細節的人」或「你是會處理事情的人」。評估和盤點是用來協助你們在一起工作時能更有效的工具。一旦人開始把評估的結果當成彼此身上的標籤，那就是到了該把它丟出窗外的時候。

3. **主辦會談就是你在場內擔任領導人的機會。**你的工作是要分辨情緒，並釐清目標與想法。為了讓想法源源不絕地出現，你要鼓勵「對，而且……」的互動，而不是會打壓對話的反應「對，可是……」。身為主辦人，你的工作是要運用批評與反對，並在必要時擱置想法。連激烈的對話或情緒性的反應都能使高明的主辦人受益，因為他能在場內

聽到機會，並適切引領人員在團體中給予對的回應。焦點要擺在想法上，而不是人的身上，並要求大家以既有建設性又直接的方式來為想法辯護或評估優點。

4. **有效運用批評與反對。**身為通曉型領導人，你要能體認到，對，批評會直接影響到那個人；或者相形之下，我們需要一針見血才對。假如所出現的議題值得進一步檢視或探討，那就留在原地這麼做。那可能會是至關重要的突破時刻來解開難題並取得進展。假如它真的是岔了題，那就暫時把它擺在一邊。一定要把議題寫下來，好讓團體能回到公開的問題上。探詢和管理批評包括要仔細思考想法的所有元素、所有可能的結果、相關人員、預算、資源和時間軸。善用場內的差異來當做策略，以評論想法並帶動參與。你可能注意到場內有財務人員；有什麼事並沒有考慮到預算的觀點？大致上就是要搞清楚場內人員的自在程度，並讓他們能展開所需的會談。

使辯論和交流的論壇多元化

　　儘管老式的開門政策有所不足的理由都一樣，但至關重要的是，組織要容許多元的管理來接收意見和想法。對有的人來說，光是提出會受到評論的想法或意見似乎就是十足令人卻步的舉動。對有的人來說，則可能是有一道或多道的阻礙使他們無法為想法的交流帶來貢獻。有些人可能是完美主義者，對貢獻裹足不前，因為想要勾勒出完整和／或完美的想法再把它講出來。有些人可能有政治上的顧慮，擔心自己假如踩到別人的地盤、用到他們的資源，或是改變他們的計畫，就會冒犯到有想法的人。其中可能會有權力上的問題，像是某人對於挑戰上司會感到不自在，或是覺得自己不夠格來提出想法。其中可能會有私人的顧慮，假如別人對想法的接受度不高，自己看起來就會很蠢或很天真。根據代表

少數聲音的經驗，人可能也會抱持的恐懼或期待在於，想法可能不會被聽到，或是被聽到了卻被別人占為己有。某人也可能是根本就不願意站出來或講出來。還記得蘇珊‧坎恩主張說，大型團體的動態一點都不適合內向的人。

因此，假如你想要盡可能掌握到範圍最廣泛的想法和意見，那就要提供五花八門的組織機會，好讓大家能交換想法並辯論它的優點。其中所包含的事可以小到（與匿名到）意見箱、意見表或指定天馬行空日。好好利用衝突自然產生的自發機會來設立比較正式的場所，使你能直接處理實際的議題，並提供持續建言的機制。比方說，假如你的團隊在預算經費上跟財務部有很大的歧見，那就要把它視為一個機會。或許你可以建議，何不乾脆圍到桌子前談一談，而不要只是高來高去。

創造各級的贊助人

另一種有助於鼓勵冒險的方法是，創造各級的擁護者。在打造這種環境時，要確保每個團隊成員和各級科層中的作為都有贊助人。假如在關鍵部門中有擁護者能幫忙化解問題，Google 的賈斯汀‧羅森斯坦是否就推得動 Google Drive？在百事公司，菲多利北美區的總裁贊助了員工同好團體，以幫忙促成創新與不太容易成真的同心協力。要打造出對各級的每個人都很重視的文化。假如某人有很棒的想法，那個創新就要有論壇或管道可以發表。要確保大家對於團隊的全盤觀點都保持開放。

默克的史提夫‧米歐拉遇到狄倫時，這位同事既安靜又拘謹，和其他的團隊成員也相當疏遠。史提夫一被派去跟狄倫做案子，立刻就對他有多棒留下了深刻的印象；史提夫知道，由於狄倫行事低調，所以有很多人都不太曉得他能有什麼貢獻。史提夫回想說：「我心想，假如我懂得他所懂的事，我就會出面來提報！於是我告訴他的老闆說，他需要出

面談談他的工作，我們也對他提了這個建言。到最後，我們一起對科學團體做了提報。內容棒得不得了！我愛的是提報，他愛的是充實資訊。我們是一起聯手發表。我們有互補的技能，並能善用彼此的強項來當場提出新的想法。」

借重內部和外部的聲音來帶動創新

創新思考必須從各種角度來聽取所有參與者的見解。對內來說，至關重要的是，你要在縱向的指揮系統中向下傾聽，部門則要聽取彼此的觀點。從組織的角度來看，無論是銷售還是同好網，你要確保每個職掌都聽到所有相關人員的見解。你還要設法連結外部觀點，並縮短顧客鴻溝。跟直接接觸顧客的人員聊聊，像是現場銷售團體，或是定期聯絡虛擬和外地團隊來獲知他們的觀點。這都是在場內或許聽不到的聲音。

人員多半非常善於告訴你，自己需要和想要什麼；有時候問題在於要確保對的人真的有聽進去。組織有沒有設置管道來分辨不同的成員需要／想要什麼？有沒有既定的流程來蒐集想法，然後用以下所討論的技巧來加以促進與檢驗？你需要非常刻意去聽取少數人的利益，以及不屬於主流團體的人，並把這點發展成有既定流程來支持的公司價值。

在借重外部的聲音與縮短鴻溝上，一些經過證實的方式包括借重使用者團體、業界團體和上下游。隨著它的商業用途有增無減，你或許可以善用社群媒體來獲取這些不同的觀點。以 Meetup 為例，這家組織是在協助世界各地的地方社群來成立興趣社團。你可以直接上 Meetup 的網站，鍵入你的興趣，它就會連結到一群對你的焦點領域投身參與的人。通曉型領導人可以善用他們的見解與興趣，把建言迴路建置到產品開發、銷售與經銷、廠商關係和商業合夥中。

在最後一章，我們探討了公司要如何善用多元人才來連結顧客。人

員很要緊，但設立來支持和鼓勵這種連結的組織管道也不遑多讓。IBM 在推行以打造員工網為主軸的多元作業時，用意就是要針對如何打入新市場來激發一些亟需的創新思考。在差異常常以效率和控管成本之名而遭到抹殺或忽略的企業界裡，凸顯差異和徵求建設性的評論本身就是創新的概念。我們認為泰德‧柴爾茲很對的地方在於，他把本身的目標稱為「建設性的破壞」，也就是以看似惹人厭的方式把日常營運暫停下來，以打破正規的流程與思考。

成立及善用同好與資源團體是聰明又有效的方式來拉近鴻溝，並把新的想法湊在一起。**員工資源團體（ERG）的員工就是你的市場，他們可以當做重要市場研究的對象，或是新應用或新產品的焦點團體。**你可以借重他們來打入所屬的社群，或是在內部運用他們，以便在每個發展的點上給予即時的建言。我們勸各位要把員工資源團體當成已經存在於公司的研發和行銷資源。不過，領導人應該要真正跨越權力鴻溝，向員工資源團體尋求特定的幫助，而不是光把它建立起來，就指望它會以某種方式增進價值。

記住，組織如果要得到經營成果，就必須主動承認並善用**多元性**。假如領導高層刻意去出席團體會議，那就應該直接探詢員工資源團體的見解和想法。你可以說：「我們打算在接下來幾年積極擴展這項業務，而在我們全力以赴之際，相信你們可以引導我們來推行這項營業策略。我想要請各位想想本身的人脈與社群。在各位的人脈中，有沒有我們應該要涵蓋進去的組織或團體？各位的見解對我們的成功至關重要！」

當每個員工都把外部的人脈、知識與見解帶往企業的方向，而且你愈能掌握這項文化資本，你就會發現員工愈投入。讓團體發揮作用，並採用他們所找出的想法與策略，這也有助於克服任何原本可能因為團體只是做為多元性的門面妝點而產生的不信任感。業務領導人可以採取主

動來對同好團體和員工資源團體伸出手來，以挖掘出他們對於要怎麼連結多元市場的想法。有一個想法是：設立正式的管道，好讓員工資源團體把想法分享給領導階層，以及每個團體的高層主管贊助人。直接去找團體請益，並拉近那道權力鴻溝，使它和你更靠近。如此一來，你就能幫忙確保想法自由流動，並讓團體產生授權感。

無論你決定要怎麼訂立正式的流程，只要善用多元人才，並對所有的觀點保持開放，就會有助於促進組織的策略創新。

策略創新的焦點在於，要怎麼把事情拼湊在一起，以整合為想法，並為現有的科技尋找新的應用。當公司採用了策略創新，它就能秉持現有的產品或想法，但把它引進全新的消費市場中，改變產品或想法的推行方式，或是改變對消費者的終端價值。讓我們用百事公司來試想這個例子。

有一天，一位在製造部門包裝線工作的員工閃過了一道靈感。他把一些當時所生產的「芝多司」（Cheetos）跟「菲多利」另一款產品中的混合辛香料結合起來。他以為辛香會跟乳酪的風味不合。但要是這位線上員工覺得沒有權力把袋子交給菲多利當時的業務主任朴雅各（Jacob Pak），後來的「芝多司墨西哥辣椒巧達脆條」（Cheetos Crunchy Cheddar Jalapeno）根本就不會在店裡上架。雅各超喜歡這種結合，於是就把它拿去給菲多利當時的業務負責人湯姆・葛瑞柯試吃。湯姆嘗了以後，立刻就把它送去開發。芝多司品牌行銷團隊非常支持這件案子，並能提供財務資源，使這款新的芝多司墨西哥辣椒巧達口味得以商業化。

新想法大可來自不太可能的地方，而且創新的組織會打造環境來讓管理階層傾聽任何人所擁有的好點子，並接納那種可能性，而不是死守「正確」的流程與固有的經營方式。

一

新職場的新答案

在任何領域中，最好的專家都會擴展自己的眼界，這樣才能變出新花樣。這就是他們保持敏銳的方式。諾貝爾獎得主這麼做，偉大的作曲家這麼做，對人類潛能研判最精準的人也是。他們不願意變得被習慣給綁死，使熟悉的常規率爾成為例行公事。相反地，他們會不斷分析自己歷來的成績，以尋找新的機會和意料之外的挫敗。這麼做有助於把臨機應變與持續改善轉變為一種生活方式。

——喬治・安德斯（George Anders），《不要完美履歷的頂尖企業識人術》（The Rare Find）

我們在寫這本書時，有一場女性領導力圓桌會議在《紐約時報》的總部舉行，主辦單位是「影響領導力 21」（IMPACT leadership 21）。這場運動是在「致力於改造女性的全球領導力，使它在 21 世紀產生最高程度的影響」。這場活動令我們驚豔，因為它齊聚了執行長、聯合國代表、非政府機構、非營利組織和企業家來探討女性領導人晉升大位的議題。它吸引我們注意的原因不僅在於 IMPACT 的核心價值，而且它全都跟本書中所列舉的通曉型領導人原則息息相關：

I　Innovation（創新）

M　Multiculturalism（多元文化）

P　Passion（熱情）

A　Attunement（順應）

C　Collaboration（同心協力）

T　Tenacity（堅毅）

最令人驚豔的就是受邀與會的人員中，該組織也把另一個核心人口列為達成目標的必備條件，那就是男性。

公認的領導人暨影響領導力 21 的執行長兼創辦人珍妮‧薩拉札知道，把男性排除在會談外有礙於那種能激發出創新與變革的多元思考。要是不對雙方在性別差異與不對等上的議題正面出擊，它就會使議題在最大的可能程度上乏人問津，並淪為喬治‧安德斯在這篇結厄引言中所提到的那些例行公事。在《富比世》（Forbes）的文章裡，薩拉札說：「要是不以改頭換面的做法來提升女性的領導力，等過了三十年，我們就會發現自己還在談同樣的老議題，還在納悶為什麼升上領導大位的女性少得可憐。男性可以成為改變的有力推手。在提升女性的全球領導力和達成對等上，男性是未經開發卻至關重要的資源。我們要怎麼掌握這種未經開發的資源？那就是要把他們拉進來。」

充分掌握明日人才的創意實力假如要有一個前提，那就是我們必須有辦法應對和駕馭差異。我們不能害怕展開會談，以及碰觸錯綜複雜、受到誤解、一團混亂或有所偏頗的議題。我們必須變得願意走出自己的舒適圈，並對那些有別於我們的人發出邀請，以相互折衷。

雙方都有責任要注意並指出差異，以深究使雙方以既有的方式來行事的深層價值與假定。但責任不一定相等。不管是多元文化專業人士、女性、公司裡最新或最老的工作人員，還是來自不同國家或文化的人，那些遊走在多

數文化以外的人總會覺得有壓力要去改變，以符合現有的領導模式。對磨合的邀請遠遠比不上對適應與融入的要求。但企圖把所有的人變得一樣並不是答案，甚至不可能做到，而且它會使善用差異以及擴大了解與技能所帶來的絕佳機會和潛力大打折扣。

在研究發現中，安德斯所聚焦的重點在於，要去不尋常的地方尋找人才，並鼓勵我們不要把焦點擺在「聲音大」的人才身上，而要去尋找「聲音小」的人才。你在跟不像自己的人共事時，可能會在第一關錯過「聲音小」的人才，因為他們所展現的領導力不同，而且跟你做事的方法也許正好相反。即使徵才與選才過程變得更加精密，可取得的人員資料也更多，結果卻不必然會更好。要扭轉這種局面，就代表領導階層必須用心深究並探索差異，而不要視會談為畏途。假如我們徵聘、獎賞和晉升最佳人才的方式要有所改變，那就代表要致力於實踐與堅持，持續應用磨合的原則，並使它成為固有管理流程的一環。

在本書通篇，各位都看到了通曉型領導人的深入側寫，他們在在展現出了可以如何做到這點。這些人和組織震撼了我們，而且多半是透過簡單的舉動，始終如一地展現出通曉度的核心特色，並靠磨合來縮短鴻溝。我們相信這些側寫所提供的有用實例在於，領導人懂得靠管理權力鴻溝來建立穩固的

工作關係，並且最終在經營上獲得成功。他們的作為與操守使我們非得在此說出他們的故事不可，我們也希望鼓勵各位去想想本身經驗中的磨合型領導人。

　　這個主題並非就此定論：我們想要聽到各位的聲音！敬邀各位就本身的經驗以及對你和你的生涯產生過影響的通曉型領導人，把自己的想法與啟迪人心的故事分享到本書的英文版官方網站 www.flextheplaybook 上。

　　希望能在上面見到各位。

參考文獻

Anders, George. The Rare Find: Spotting Exceptional Talent Before Everyone Else. Portfolio Hardcover; 1st edition (October 18, 2011).

Barsh, Joanna, and Lareina Yee. "Unlocking the Full Potential of Women in the US Economy." McKinsey & Company, April 2011, www.mckinsey.com/Client_Service/Organization/Latest_thinking/Unlocking _the_full_potential.aspx.

——. "Becoming Interculturally Competent." In Toward Multiculturalism: A Reader in Multicultural Education, 2nd ed., ed. J. Wurzel. Newton, MA: Intercultural Resource Corporation, 2004.

——. "A Developmental Approach to Training for Intercultural Sensitivity." International Journal of Intercultural Relations 10 no. 2 (1986).

Bennett, M. J. "Towards Ethnorelativism: A Developmental Model of Intercultural Sensitivity." In Education for the Intercultural Experience, ed. R. M. Paige. Yarmouth, ME: Intercultural Press, 1993, 21-71.

Birkman International. "How Do Generational Differences Impact Organizations and Team?" Part 1, n.d., www.birkman.com/news/view/how-to-generational-differences-impact-organizations-and-teams-part-1.

Blanchard, Ken. Leading at a Higher Level, Revised and Expanded Edition: Blanchard on Leadership and Creating High Performing Organizations. Upper Saddle River, NJ: FT Press, 2010.

Boushey, Heather, and Sarah Jane Glynn. "There Are Significant Business Costs to Replacing Employees." Center for American Progress, November 16, 2012, www.americanprogress.org/issues/labor/report/2012/11/16/44464/there-are-significant-business-costs-to-replacing-employees.

Bryant, Adam. "Google's Quest to Build a Better Boss." New York Times, March 12, 2011, www.nytimes.com/2011/03/13/business/13hire.html.

——, ed. "The C.E.O. with the Portable Desk: The Corner Office." New York Times, May 1, 2010.

Buckingham, Marcus, and Curt Coffman. First, Break All the Rules. New York: Simon& Schuster, 1999.

Burkhart, Bryan. "Getting New Employees Off to a Good Start." New York Times, March 13, 2013, boss.blogs.nytimes.com/2013/03/13/getting-employees-off-to-a-good-start.

Burns, Crosby, Kimberly Barton, and Sophia Kerby. "The State of Diversity in Today's Workforce." Center for American Progress, July 12, 2012, http://www.americanprogress.org/issues/labor/report/2012/07/12/11938/the-state-of-diversity-in-todays-workforce.

Cain, Susan. Quiet: The Power of Introverts in a World That Can't Stop Talking. New York: Crown, 2012.

——. "The Rise of the New Groupthing." New York Times, January 15, 2012, www.nytimes.com/2012/01/15/opinion/sunday/the-rise-of-the-new-groupthink.html.

Carl, Dale, and Vipin Gupta with Mansour Javidan. "Power Distance." In Culture, leadership, and Organizations: The GLOBE study of 62 Societies, ed. Robert J. House, Paul J. (John) Hanges, Mansour Javidan, Peter W. Dorfman, and Vipin Gupta. Thousand Oaks, CA: SAGE Publications, 2004, 513-63.

CBS News. "Is Your 'Open Door' Policy Silencing Your Staff?" April 20, 2010, www.cbsnews.com/8301-505125_162-44440188/is-your-open-policy-silencing-your-staff/.

Chao, Melody Manchi, Sumie Okazaki, and Ying-yi Hong. "The Quest for Multicultural Competence: Challengers and Lessons Learned from Clinical and Organizational Research." Hong Kong University of Science and Technology, New York University, and Nanyang Technological University. Social and Personality Psychology Compass 5, No. 5 (2011): 263-74.

Chen, Pauline. "Do Women Make Better Doctors?" New York Times, May 6, 2010, www.nytimes.com/2010/05/06/health/06chen.html.

Chhokar, Jagdeep S., Felix C. brodbeck, and Robert J. House. Culture and Leadership Across the World: The GLOBE Book of In-Depth Studies of 25 Societies. Series in Organization and Management. Psychology Press, April 5, 2007.

Childs, Ted. "Diversity in the Workplace." UVA Newsmakers, November 12, 2002, www.youtube.com/watch?v=lgOTjSp6vwY.

Chong, Nilda. "A Model for the Nation's Health Care Industry: Kaiser Permanente's Institute for Culturally Competent Care." Permanente Journal, 2002, http://xnet.kp.org/permanentejournal/sum02/model.html.

Chua, Roy Y. J., and Michael W. Morris. "Innovation Communication in Multicultural Networks: Deficits in Inter-cultural Capability and Affect-based Trust as Barriers to New Idea Sharing in Inter-Cultural Relationships." HBS Working Knowledge, June 17, 2009, http://hbswk.hbs.edu/item/6194.html.

Cognisco Group. "$37 Billion: US and UK Business Count the Cost of Employee Misunderstanding." Marketwire, June 18, 2008, www.marketwire.com/press-release/37-billion-us-and-uk-businesses-count-the-cost-of-employee-misunderstanding-870000.htm.

Cuckler, Gigi A., andrea M. Sisko, Sean P. Keehan, Sheila D. Smith, Andrew J. Madison, John A. Poisal, Christian J. Wolfe, Joseph M. Lizonitz, Devin A. Stone. "National Health Expenditure Projections, 2012-22: slow Growth Until Coverage Expands and Economy Improves." Health Affairs, http://centent.healthaffairs.org/content/early/2013/09/13/hlthaff.2013.0721.full.

Deloitte. "Only Skin Deep? Re-examining the Business Case for Diversity." Deloitte Australia, September 2011, www.deloitte.com/assets/Dcom-Australia/Local%20Assets/Documents/Services/Consulting/Human%20Capital/Diversity/Deloitte_Only_skin_deep_12_September_2011.pdf.

Detert, James R., Ethan R. Burris, and David A. Harrison. "Debunking Four Myths About Employee Silence." Harvard Business Review, June 2010, httphbr.org/2010/06/debunking-four-myths-about-employee-silence.

Dychtwald, Ken, Tamara Erickson, Robert Morison. "The Needs and Attitudes of Young Workers." Excerpted from Workforce Crisis: How to Beat the Coming Shortage of Skills and Talent. Boston: Harvard Business Review Press, 2006.

Dyer, Jeff, Hal Gregersen, and Clayton M. Christensen. The Innovator's DNA: Mastering the Five Skills of Disruptive Innovators. Boston: Harvard Business Review Press, 2011.

Ernst & Young. "Women Make All the Difference in the World." In Growing Beyond: High Achievers: Recognizing the Power of Women to Spur Business and Economic Growth, Ernst & Young, 2012, www.cy.com/Publication/vwLUAssets/Growing_Beyond_-_High_Achievers/$FILE/High%20achievers%20-%20Growing%20Beyond.pdf.

Escamilla, Kathy, and Susan Hopewell. "The Role of Code-Switching in the Written Expression of Early Elementary Simultaneous Bilinguals." Paper presented at the annual conference of the American Educational Research Association, April 1, 2007, www.colorado.edu/education/faculty/kathyescamilla/Docs/AERACodeswitching.pdf.

Feldhahn, Shaunti. The Male Factor: The Unwritten Rules, Misperceptions, and Secret Beliefs of Men in the Workplace. New York: Crown Business, 2009.

Fisher, Anne. "Fatal Mistakes When Starting a New Job." Fortune, June 2, 2006.

Friedman, Thomas L. The World Is Flat: A Brief History of the Twenty-first Century. New York: Farrar, Straus & Giroux, 2005.

Frontiera, Joe. "Living Your Values for Profit." Good –b, Good Business New York, May 20, 2013, http://good-b.com-building-a-values-based-culture.

Gallup. "Gallup Study: Engaged Employees Inspire Company Innovation." Gallup Management Journal, October 12, 2006, businessjournal.gallup.com/content/24880/ gallup-study-engaged-employees-inspire-company.aspx.

——. "State of the American Workplace Report," Gallup, 2013. Gamb, Maria. "Women and Men Need This Instead of Quotas." Forbes, June 30, 2013, www.forbes.com/ sites/womensmedia/2013/03/30/women-and-man-need-this-instead-of-quotas.

"George Gaston Chief Executive Officer, Memorial Hermann Southwest Hospital." Houston Medical Journal, December 2011, www.mjhnews.com/george-gaston-chief-executive-officer-memorial-hermann-southwest-hospital-html.

Gladwell, Madcolm. Outliers: The Sotry of Success. New York: Little, Brown, 2008.

Glass Ceiling Commission. "The Environmental Scan." Executive Report, March 1995. Washington, DC: US Department of Labor, 1995. www.dol.gov/dol/aboutdol/history/ reich/reports/ceiling1.pdf.

Gort, Mileidis. "Strategic Codeswitching, Interliteracy, and Other Phenomena of Emergent Bilingual Writing: Lessons from First Grade Dual Language Classrooms." Journal of Early Childhood Literacy 6 (2006): 323, http://www.sagepub.com/ donoghuestudy/articles/Gort.pdf.

Graduate Management Admission Council. GMAC 2011 Application Trends Survey— Survey Report. http://www.gmac.com/~/media/Files/gmac/Research/admissions/and/ application/trends/applicationtrends2011_sr.pdf.

Grossman, Leslie. "Why Women Need Men to Get Ahead…and Vice Versa." Huffington Post, July 3, 2013, www.huffingtonpost.com/leslie-grossman/why-women-need-men-to-get-ahead_b_3530821.html.

Hall, Edward. Beyond Culture. New York: Anchor Books, 1976.

——. The Silent Language. New York: Anchor Books, 1973.

Hamel, Gary. "The Why, What, and How of Management Innovation." Harvard Business Review, February 2006, hbr.org/2006/02/the-why-what-and-how-of-management-innovation/ar/1.

Hammer, M. R. "Additional Cross-Cultural Validity Testing of the Intercultural Development Inventory." International Journal of Intercultural Relations 35 (2011): 474-87.

——. IDI Resource Guide. IDI LLC, 2011.

——. "The Intercultural Development Inventory: A New Frontier in Assessment and Development of Intercultural Competence." In Student Learning Abroad: What Our Students Are Learning, What They're Not, and What We Can Do About It, eds. M. Vande Berg, M. Paige, and K. Lou. Sterling, VA: Stylus Publishing, 2012.

——. "The Intercultural Development Inventory: An Approach for Assessing and Building Intercultural Competence." In Contemporary Leadership and Intercultural Competence: Exploring the Cross-Cultural Dynamics within Organizations, ed. M. A. Moodian. Thousand Oaks, CA: Sage, 2009.

Hammonds, Keith H. "Difference Is Power." Fast Company, July 2000, www.fastcompany.com/39763-difference-power.

Hannon, Kerry. "People with Pals at Work More Satisfied, Productive." USA Today, August 13, 2006, usatoday30.usatoday.com/money/books/reviews/2006-08-13-vital-friends_x.htm.

Harris, Paul. "Boomer vs. Echo Boomer: The Work War?" T+D, May 2005, https://store.astd.org/Default.aspx?tabid=167&ProductId=17752.

"Health Care Industry Will Create 5.6 Million More Jobs by 2020: Study." Huffington Post, June 21, 2012, www.huffingtonpost.com/2012/06/21/health-care-job-creation_n_1613479.html.

Helgesen, Sally. The Female Advantage: Women's Ways of Leadership. New York: Doubleday Currency, 1995.

Hewlett, Sylvia Ann, Carolyn Buck Luce, and Cornel West. "Leadership in Your Mist: Tapping the Hidden Strengths of Minority Executives." Harvard Business Review, November 1, 2005, http://hbr.org/2005/11/leadership-in-your-midst-tapping-the-hidden-strengths-of-minority-executives.

Hewlett, Sylvia Ann, Kerrie Peraino, Laura Sherbin, and Karen Sumberg. "The Sponsor Effect: Breaking Through the Last Glass Ceiling." Harvard Business Review, January 12, 2011, hbr.org/product/the-sponsor-effect-breaking-through-the-last-glass-ceilingan/10428-PDF-ENG.

Hewlett, Sylvia Ann, and Ripa Rashid, with Diana Forster and Claire Ho. "Asians in America: Unleashing the Potential of the 'Model Minority.'" Center for Work-life Policy, July 20, 2011.

Hofstede, Geert. Culture's Consequences: Comparing Values, Behaviors, Institutions, and Organizations Across Nations, 2nd ed. Thousand Oaks, CA: Sage, 2001.

Hofstede, Geert, and Michael Minkov. Cultures and Organizations: Software of the Mind, 3rd ed.

Howell, W. S. The Empathic Communicator. University of Minnesota: Waveland Press, Inc., 1986.

Hyun, Jane. Breaking the Bamboo Ceiling: Career Strategies for Asians. New York: HarperCollins, 2005.

———. "Leadership Principles for Capitalizing on Culturally Diverse Teams: The Bamboo Ceiling Revisited." Leader to Leader 64 (Spring 2012): 14-19, http//onlinelibrary. wiley.com/doi/10.1002/ltl.20017/abstract.

Ibarra, Herminia, Nancy M. Carter, and Christine Silva. "Why Men Still Get More Promotions than Women." Harvard Business Review, September 2010, hbr. org/2010/09/why-men-still-get-more-promotions-than-women.

Johansson, Frans. The Medici Effect: What Elephants and Epidemics Can Teach Us about Innovation. Boston: Harvard Business School Press, 2004.

Johnson, Donald O. "The Business Case for Diversity at the CPCU Society." Society of Chartered Property and Casualty Underwriters, 2007, www.cpcusociety.org/sites/dev. aicpcu.org/files/imported/BusinessDiversity.pdf.

Johnson, Lauren Keller. "Rapid Onboarding at Capital One." Harvard Business Review, February 27, 2008, blogs.hbr.org/hmu/2008/02/rapid-onboarding-at-capital-on.html.

Joyce, Cynthia. "The Impact of Direct and Indirect Communication." The University of Iowa. Published in Independent Voice, the newsletter of the International Ombudsman Association, November 2012.

Kanter, Rosabeth Moss. Men and Women of the Corporation. New York: Basic Boods, 1977.

Katzenbach, Jon R., and Douglas K. Smith. The Wisdom of Teams: Creating the High-Performance Organization. New York: HarperBusiness, 2006.

Kaushik, Arpit. "Cultural Barriers to Offshore Outsourcing." CIO, March 31, 2009, www.cio.com/article/487425/Cultural_Barriers_to_Offshore_Outsourcing.

Kochan, Thomas, Katerina Bezrukova, Robin Ely, Susan Jackson, Aparna Joshi, Karen Jehn, Jonathan Leonard, David Levine, and David Thomas. "The Effects of Diversity on Business Performance: Report of the Diversity Research Network." Human Resource Management 42, no. 1 (Spring 2003): 3-21, onlinelibrary.wiley.com/doi/10.1002/hrm.10061/abstract.

Kovalik, Susan J. "Gender Differences and Student Engagement." Rexford, NY: International Center for Leadership in Education, 2008.

Krishna, Srinivas, Sundeep Sahay, and Geoff Walsham. "Managing Cross-cultural Issues in Global Software Outsourcing." Communications of the ACM 4, no. 4 (April 2004): 62066, dl.acm.org/citation.cfm?id=975818.

Lagace, Martha. "Racial Diversity Pays Off." Working Knowledge, Harvard Business School, June 21, 2004, hbswk.hbs.edu/item/4207.html.

Lauby, Sharlyn. "Employee Turnover Caused by Bad Onboarding Programs." HR Bartender, May 22, 2012, www.hrbartender.com/2012/recruiting/employee-turnover-caused-by-bad-onboarding-programs.

Lee, David. "Onboarding: What Is It? Is It Worth It? And How Do You Get It Right?" Human Resources, September 10, 2008.

Lehrer, Jonah. "Groupthink: The Brainstorming Myth." The New Yorker, January 30, 2012, http://www.newyorker.com/reporting/2012/01/30/120130fa_fact_hehrer?currentPage=1.

Leung, Angela Ka-yee, William W. Maddux, Adam D. Galinsky, and Chi-yue Chiu. "Multicultural Experience Enhances Creativity: The When and How." American Psychologist 63, no. 3 (April 2008): 169-81, psycnet.apa.org/index.cfm?fa=buy.optionToBuy&id=2008-03389-003.

Llopis, Glenn. "Diversity Management Is the Key to Growth: Make It Authentic." Forbes June 13, 2011, www.forbes.com/sites/glennllopis/2011/06/13/diversity-management-is-the-key-to-growth-make-it-authentic.

"Losing Money by Spending Less: When Outsourcing Customer Service Doesn't Make Business Sense: A Case Study." Customer Inter@ctive Solutions, May 2004, www.tmcnet.com/callcenter/0504/outsourcing.htm.

Medland, Dina. "Women Challenge Leadership Styles." Financial Times, July 5, 2012.

Meyer, Meghan L., Carrie L. Masten, Yina Ma, Chenbo Wang, Zhenhao Shi, Naomi I. Eisenberger, and Shihui Han, Social Cognitive and Affective Neuroscience Advance Access published March 20, 2012. "Empathy for the Social Suffering of Friends and Strangers Recruits Distinct Patterns of Brain Activation." UCLA Psychology Department, Department of Psychological Sciences, Vanderbilt University, Nashville, TN, and Department of Psychology, Peking University, Beijing, China, http://sanlab. psych.ucla.edu.papers_files/Meyer(2012)SCAN.pdf.

Mulder, Mauk. "Reduction of Power Differences in Practice: The Power Distance Reduction Theory and Its Applications." In European Contributions to Organization Theory, ed. G. Hofstede and M. S. Kassem. Assen, The Netherlands: Van Gorcum, 1976.

Nilep, Chad. "'Code Switching' in Sociocultural Linguistics." Colorado Research in Linguistics 19 (June 2006), www.colorado.edu/ling/CRIL/Volume19_Issue1/paper_ NILEP.pdf.

Nobel, Carmen. "Taking the Fear out of Diversity Policies." Working Knowledge, Harvard Business School, January 31, 2011, hbswk.hbs.edu.item/6545.html.

Pagano, Amy E. "Code-switching: A Korean Case Study." Griffith Working Papers in Pragmatics and Intercultural Communications 3, no. 1 (2010): 22-38, www.griffigh. edu.au/__data/assets/pdf_file/0018/244422/3.-Pagano-Codeswitching-in-Korean.pdf.

Page, Scott E. The Difference: How the Power of Diversity Creates Better Groups, Firms, Schools, and Societies. Princeton, NJ: Princeton University Press, 2007.

Patrick, Josh. "Yes, You Treat Customers Well. But How Do You Treat Employees?" New York Times, April 25, 2013.

Pollack, Lindsey. Getting from College to Career: Your Essential Guide to Succeeding in the Real World, rev. ed. New York: HarperBusiness, 2012.

Racho, Maria Odiamar. "Attributes of Asian American Senior Leaders Who Have Retained Their Cultural Identity and Been Successful in American Corporations." A Research Project Presented to the Faculty of the George L. Graziadio School of Business and Management, Pepperdine University, August 2012.

Rock, David, and Dan Radecki. "Why Race Still Matters in the Workplace." Harvard Business Review, June 2012, blogs.hbr.org/cs/2012/06/why_race_still_matters_in_ the.html.

Rosenstein, Justin. "My Best Mistake: I Could Have Launched Google Drive in 2006." My Best Mistake, LinkedIn, April 23, 2013, www.linkedin.com/today/post/

article/20130423100225-25056271-my-best-mistake-i-could-have-launched-google-drive-in-2006.

Roter, Debra L., Judith A. Hall, and Yutaka Aoki. "Physician Gender Effects in Medical Communication: A Meta-analytic Review." Journal of the American Medical Association 288, no. 6 (August 14, 2002): 756-64.

Sandberg, Sheryl. Lean In: Women, Work, and the Will to Lead. New York: Knopf, 2013.

Sealy, Ruth, and Susan Vinnicombe. "The Female FTSE Report: Milestone or Millstone?" Cranfield, UK: Cranfield School of Management, 2012, http://www.som. cranfield.ac.uk/som/dinamic/content/research/documents/2012femalftse.pdf.

Sheehy, Kelsey. "MBA Programs with the Most International Students." U.S. News & World Report, March 26, 2013, http://usnews.com/education/best-graduate-schools/the-short-list-grad-school-articles/2013/03/26/mba-programs-with-the-most-international-students.

Sheffield, Dan. The Multicultural Leader: Developing a Catholic Personality. Toronto: Clements Publishing, 2005.

Shin, Sarah. "Conversational Codeswitching Among Korean-English Bilingual Children." International Journal of Bilingualism, September 2002, 351-83.

Sy, Thomas, Lynn M. Shore, Judy Strauss, Ted H. Shore, Susanna Tram, Paul Whiteley, and Kristine Ikeda-Muromachi. "Leadership Perceptions as a Function of Race-occupation Fit: The Case of Asian Americans." Journal of Applied Psychology 95, no. 5 (September 2010): 902-19, psycnet.pap.org/journals/apl/95/5/902.

Tannen, Deborah. Talking from 9 to5. New York: William Morrow, 1994.

——. "The Talk of the Sandbox: How Johnny and Suzy's Playground Chatter Prepares Them for Life at the Office." Washington Post, December 11, 1994, www. georgetown.edu/faulty/tanned/sandbox.htm.

Texas Medical Center. "George Gaston Named CEO of Memorial Hermann Southwest." Memorial Hermann, January 4, 2010, www. memorialhermann.org/news/george-gaston-named-ceo-of-memorial-hermann-southwest.

Thomas, David A. "Diversity as Strategy." Harvard Business Review 82, no. 9 (September 2004), hbr.org/product/diversity-as-strategy/an/R0409G-PDF-END.

Verdon, Joan. "Promotion Targets Diwali Holidy." Record (Bergen, NJ), October 15, 2009, www.northjersey.com/community/Promotion_targets_Diwali_holiday.html.

Vittrup Simpson, Birgitte. "Exploring the Influences of Educational Television and Parent-Child Discussions on Improving Children's Racial Attitudes." PhD diss., university of Texas at Austin, 2007, https://repositories.lib.utexas.edu/bitstream/handle/2152/2930/simpsonb80466.pdf.

Walker, Danielle, Joerg Schmitz, and Thomas Walker. Doing Business Internationally, 2nd ed. New York: McGraw-Hill, 2002.

Weingarten, Gene. "Pearls Before Breakfast." Washington Post, April 8, 2007, www.washingtonpost.com/wp-dyn/content/article/2007/04/04/AR2007040401721.html.

Wenner, Melinda. "Smile! It Could Make You Happier." Scientific American, October 14, 2009, www.scientificamerican.com/article/cfm?id=smile-it-could-make-you-happier.

Wittenberg-Cox, Avivah. Why Women Mean Business: Understanding the Emergence of Our Next Economic Revolution. Chichester, UK: John Wiley & Sons, 2009.

"Women in the Labor Force: A Databook." US Bureau of Labor Statistics, BLS Reports, February 2013, http://www.bls.gov.cps/wlfdatabook-2012.pdf.

Xu, Xiaojing, Xiangyu Zuo, Xiaoying Wang, and Shihui Han. "Do You Feel My Pain? Racial Group Membership Modulates Empathic Neural Responses." Journal of Neuroscience, July 1, 2009, http://www.jneurosci.org/content/29/26/8525.full.pdf+html.

Zenger, John H., and Joseph Folkman. The Extraordinary Leader: Turning Good Managers into Great Leaders. New York: McGraw-Hill, 2002.

新型職場

超多元部屬時代的跨差異人際領導風格

FLEX: The New Playbook for Managing Across Differences
by Jane Hyun and Audrey S. Lee
Copyright © 2014 by Jane Hyun and Audrey S. Lee
Complex Chinese Translation Copyright © 2015
by Briefing Press, a Division of AND Publishing Ltd.
Published by arrangement with HarperCollins Publishers, USA
through Bardon-Chinese Media Agency 博達著作權代理有限公司
ALL RIGHTS RESERVED

國家圖書館出版品預行編目 (CIP)

新型職場
超多元部屬時代的跨差異人際領導風格
玄珍 (Jane Hyun), 李歐麗 (Audry S. Lee)
合著 ; 戴至中譯
譯自：
Flex : the new playbook for managing
across differences

初版 | 北市：大寫出版：大雁文化發行
2015.08；304 面；15*21 公分
使用的書 In Action：HA0059
ISBN 978-986-5695-26-2(平裝)

1. 經理人 2. 企業領導 3. 組織管理
494.23   104009043

大寫出版 Briefing Press
使用的書 In Action — 書號：HA0059
合　著　者◎ 玄珍（Jane Hyun），李歐麗（Audry S. Lee）
譯　　　者◎ 戴至中
行銷業務◎ 郭其彬、夏瑩芳、王綬晨、邱紹溢、陳詩婷、張瓊瑜、李明瑾
大寫出版◎ 鄭俊平、沈依靜、王譯民
發　行　人◎ 蘇拾平

出　版　者◎ 大寫出版
電　　　話◎ 02-27182001 傳真：02-27181258
發　　　行◎ 大雁文化事業股份有限公司
台北市復興北路 333 號 11 樓之 4
24 小時傳真服務（02）27181258
讀者服務 E-mail: andbooks@andbooks.com.tw
劃撥帳號：19983379（戶名：大雁文化事業股份有限公司）

香港發行◎ 大雁（香港）出版基地 | 里人文化
地　　　址◎ 香港荃灣橫龍街 78 號正好工業大廈 22 樓 A 室
電　　　話◎ 852-24192288　傳真：852-24191887
電子郵件◎ anyone@biznetvigator.com
初版一刷◎ 2015 年 8 月
定　　　價◎ 320 元

如遇缺頁、購買時即破損等瑕疵，請寄回本社更換
大雁出版基地官網：www.andbooks.com.tw